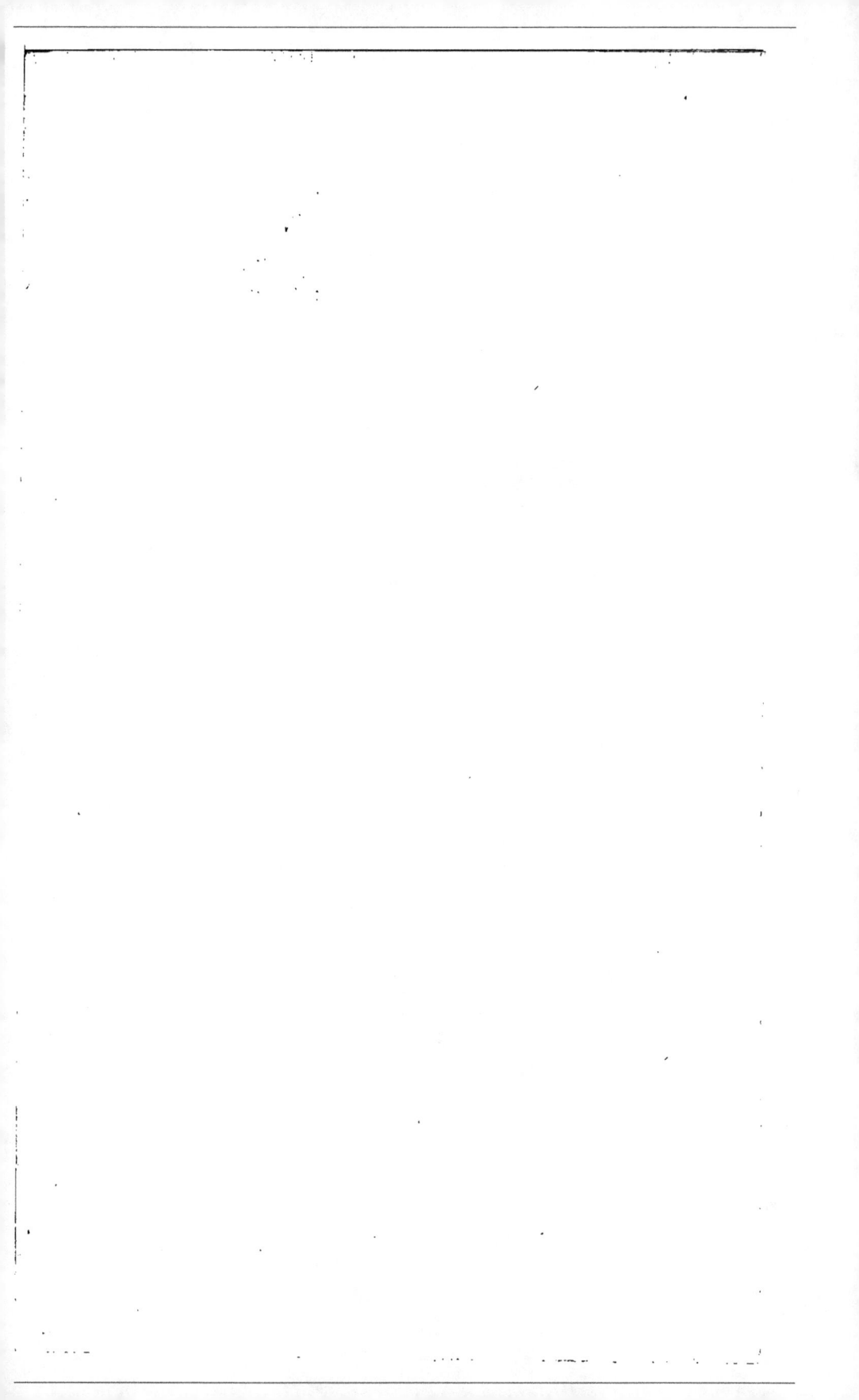

LE BÉTAIL GRAS

ET LES

CONCOURS D'ANIMAUX DE BOUCHERIE.

OUVRAGES DU MÊME AUTEUR

QU'ON TROUVE AUX MÊMES ADRESSES.

—

LA FRANCE CHEVALINE. *Première partie :* INSTITUTIONS HIPPIQUES.
4 volumes in-8° de 440 pages. Prix de chaque, 6 fr. 50 cent.

LA FRANCE CHEVALINE. *Deuxième partie :* ÉTUDES HIPPOLOGIQUES.
4 volumes in-8° de 440 pages. Prix de chaque, 6 fr. 50 cent.
Nota. Tout en se complétant, ces deux ouvrages sont parfaiment distincts et se vendent séparément.

ATLAS STATISTIQUE DE LA PRODUCTION DES CHEVAUX EN FRANCE. —
Documents pour servir à l'histoire naturelle agricole des races
chevalines du pays. In-folio, demi-colombier, de 60 pages de
texte, de 27 cartes régionales et de 31 planches dessinées par
M. H. Lalaisse, professeur à l'école polytechnique. Prix, 75 fr.

GUIDE DU SPORTSMAN ou *Traité de l'entraînement et des courses de
chevaux*. Deuxième édition, entièrement refondue. Prix, 3 f. 50.

LE BÉTAIL GRAS

ET

LES CONCOURS D'ANIMAUX DE BOUCHERIE

PAR Eug. GAYOT,

CHEVALIER DE LA LÉGION D'HONNEUR, MEMBRE DE PLUSIEURS SOCIÉTÉS SCIENTIFIQUES.

> On a dit quelque part : Le bétail est un mal
> nécessaire; on dira bientôt : Le bétail est le
> premier des biens, *a pecu pecunia.*
> JULES RIEFFEL.

Paris.

Imprimerie et librairie d'agriculture et d'horticulture

DE Mme Ve BOUCHARD-HUZARD,

RUE DE L'ÉPERON, 5;

LIBRAIRIE AGRICOLE, RUE JACOB, 26.

1858

TABLE DES MATIÈRES.

—

		Pages.
Introduction.		vij
I.	Création des concours. — Programme.	1
II.	Des époques des concours et de leurs chefs-lieux.	38
III.	Des races primées dans les concours.	51
IV.	De la dotation des concours.	63
V.	Des lauréats des concours et de la nature de leurs travaux.	72
VI.	Coupe des bœufs de boucherie dans les chefs-lieux de concours.	117
VII.	Renseignements sur la boucherie dans les chefs-lieux de concours. — Question du rendement.	137
VIII.	Appréciation des viandes à l'étal.	189

L'administration de l'agriculture publie, tous les ans, le compte rendu officiel des concours d'animaux de boucherie. Cette publication, qui va compter dix gros volumes, forme en quelque sorte les archives de l'institution. Riche de documents qu'on chercherait vainement ailleurs, elle a néanmoins le tort d'être peu accessible au grand nombre; car elle n'est pas dans le commerce, et sa forme est telle, que peu de personnes peuvent y puiser sans fatigue les précieux renseignements qu'elle renferme.

Nous avons essayé de mettre ces renseignements à la portée de tous en les condensant sous le plus mince volume et en les rapportant à une formule plus facile à saisir.

Telle a donc été notre pensée : répandre les données acquises dans les concours d'animaux de boucherie et recueillies pour la science avec beaucoup de soin par la direction de l'agriculture.

Tel a été aussi notre but : faire en sorte que l'enseignement qui ressort du passé serve tout à la fois la cause d'une institution essentiellement progressive de sa nature, et pousse plus rapidement vers la perfection les races dont elle a pris à tâche d'éclairer la production et l'élève.

Paris, le 25 mars 1857.

Eug. GAYOT.

LE BÉTAIL GRAS

ET LES

CONCOURS D'ANIMAUX DE BOUCHERIE.

§ I. CRÉATION DES CONCOURS. — PROGRAMME.

Les concours d'animaux de boucherie ont pris naissance en 1843. L'arrêté ministériel qui en a jeté les bases porte la date du 31 mars de cette année, et la signature de M. Cunin-Gridaine, à qui l'agriculture doit plusieurs fondations utiles. La nouvelle institution a été inaugurée avec quelque solennité, le 8 février 1844, sur le marché de Poissy, le plus grand centre commercial du bétail gras, en France.

Depuis lors, le concours s'est renouvelé tous les ans, à l'exception de 1848.

Les bienfaits de l'institution, on l'avait fort bien compris dès l'origine, ne devaient pas tarder à s'étendre successivement à d'autres points du territoire. Le concours de Poissy n'était guère qu'un ballon d'essai, comme on dit de toutes choses qui commencent en notre pays, une sorte de reconnaissance pour tout le monde, car le moyen d'encouragement, inusité jusqu'alors de ce côté-ci du détroit, ne réunirait sûrement pas de prime abord l'unanimité des suffrages. Sous certaine forme de gouvernement, ce n'est pas précisément à la majorité qu'il faut penser ou plaire, mais surtout et avant tout aux minorités.

Quoi qu'il en soit, un second arrêté du même ministre, daté du 23 décembre 1846, établit un autre concours de bestiaux gras au profit de la seconde ville du royaume. Lyon inaugura la nouvelle création, le 30 mars 1847.

1

Le succès de ces deux réunions fixa l'attention publique. Producteurs et engraisseurs en comprirent la signification et la portée. Les plus éclairés et les mieux intentionnés abordèrent de front et pratiquement la solution de l'important problème de la production abondante de la viande. De grands exemples d'amélioration furent donnés, de nobles récompenses furent accordées, et l'on ne sait pas assez à quel point les difficultés des dernières années, si considérables qu'on les ait vues, ont été atténuées par le grand mouvement agricole qui a suivi l'établissement des exhibitions publiques d'animaux préparés pour la boucherie.

M. Tourret (de l'Allier), que les circonstances politiques n'ont malheureusement pas laissé assez longtemps à la tête de l'administration de l'agriculture, a, pendant son trop court passage aux affaires, créé le concours de Bordeaux. Son arrêté est du 5 juillet 1848, et, le 13 février suivant, la grande ville devenait le troisième centre officiel de l'institution.

M. V. Lanjuinais, dont l'agriculture française gardera aussi le nom avec reconnaissance, a institué, par arrêté du 1er septembre 1849, le concours qui se tient à Lille, et qui a eu lieu, pour la première fois, le 25 mars 1850. M. Dumas est venu ensuite, et, plein de bon vouloir pour les intérêts agricoles, il a fondé le concours de Nîmes (30 août 1850), ouvert le 25 février 1851. Enfin M. Lefebvre Duruflé, *stans pede in uno*, a signé, le 19 février 1852, l'arrêté d'organisation du concours de Nantes, qui s'est tenu les 30 et 31 mars de la même année.

Cela fait bien six; c'est probablement tout autant qu'il en faut. Cinq concours régionaux, dont la circonscription serait judicieusement entendue au double point de vue des habitudes de production et d'engraissement, et le concours général de Poissy, paraissent devoir suffire à toutes les exigences de la consommation, d'autant plus qu'à côté, et parallèlement aux exhibitions officielles, il en est quelques autres, trop peu importants malheureusement, dont l'initiative a été prise par les associations agricoles des départements. L'exemple vient d'en haut. Quand l'administration publique donne l'impulsion, il est bien rare qu'on ne la suive pas même un peu aveuglément partout. Les concours locaux des sociétés d'agriculture et des comices sont d'excellentes préparations aux grandes luttes. Ils généralisent les faits que les exhibitions officielles ont voulu mettre en saillie pour qu'ils pussent être vulgarisés dans toute la vérité du mot, dans toute l'étendue du fait.

Mais l'administration publique ne doit ni dépasser certaines limites ni descendre à trop de détails. L'engouement est facile en France. Le cas avait été prévu. En effet, le président du jury d'inauguration du concours de Poissy disait tout d'abord : « Des concours de bestiaux gras s'établiront, il ne faut guère en douter, sur d'autres marchés que celui-ci ; que l'on se garde bien cependant de les multiplier sans que cela soit tout à fait nécessaire : ce serait commettre la faute qui a été faite par les comices qu'on a parfois divisés sans raison, d'où il est résulté qu'on a diminué leur importance. N'est-il pas à désirer que, par la rareté des concours, par la nature des prix qui y sont distribués, l'intérêt soit assez vif pour que les éleveurs viennent eux-mêmes disputer les récompenses ? Car c'est aux éleveurs qu'il est à désirer qu'elles parviennent. »

Nous reviendrons ailleurs sur ce sujet. Disons seulement, à présent, que l'Angleterre n'a que quelques concours de bestiaux gras. Ceux de Smithfield et de Birmingham sont les plus renommés. L'un et l'autre ont été créés et sont soutenus, cela va sans dire, en dehors de toute intervention de l'État, par l'initiative intelligente et capable des particuliers, associés, réunis en clubs spéciaux. C'est l'un des points par lesquels les deux nations diffèrent si profondément entre elles.

Quant au but qu'on se proposait d'atteindre en fondant

de pareils concours, il a été nettement défini dans le considérant qui sert d'introduction à l'arrêté du 31 mars 1843 et qui a été maintenu jusqu'à ce jour, sauf de légères variations de style, lesquelles n'ont rien ajouté au fond tout en précisant plus correctement la pensée première.

Voici donc ce considérant revu et corrigé : « ..... Il im-« porte, dans l'intérêt des consommateurs et dans celui de « l'agriculture, de développer en France la production et « l'amélioration des animaux destinés à la boucherie, et de « favoriser la propagation des races qui, par la perfection « de leurs formes et leur engraissement précoce, fournissent « le plus abondamment à la consommation. »

Il n'y avait pas à s'y méprendre. Les producteurs et les engraisseurs étaient bien édifiés sur la nature du concours, et l'article 1er de l'arrêté répétait par surcroît que les primes et les médailles offertes seraient distribuées aux propriétaires des animaux « reconnus les plus parfaits de conformation et les mieux préparés pour la boucherie. »

Au point de départ, les bœufs et les moutons seuls furent admis au concours.

Dans la plus grande partie de la France, les travaux de l'agriculture, et naguère encore dans certaines localités plus arriérées, tous les transports lents étaient exécutés par des animaux de l'espèce bovine, non-seulement par les mâles, mais aussi par les femelles. Il en résulte que la France possède réellement les plus fortes et les plus belles races de travail que l'on ait jamais vues. Cette supériorité ne lui a pourtant jamais été enviée par aucun de ses voisins. Le bœuf et la vache exclusivement voués à une existence de labour remplissent mal les conditions essentielles du programme d'un concours ouvert aux animaux « reconnus les plus parfaits de conformation et de graisse; » leur nature est précisément l'opposé de celles des races les plus propres à un engraissement précoce et à la production abondante de la viande.

L'espèce ovine donne également deux sortes de produits, sinon incompatibles, dans la rigoureuse acception du mot, peu susceptibles, du moins, de se développer économiquement sur les mêmes races à un degré satisfaisant, — la perfection de la laine et l'exubérance des chairs. C'est au premier de ces produits que les éducateurs de bêtes à laine s'étaient particulièrement livrés en France ; l'autre n'était l'objet que de soins très-secondaires.

La population s'élevant toujours en nombre, les habitudes d'alimentation faisant entrer de plus en plus la viande dans les exigences de chaque jour, et la production aussi bien que l'élevage du bétail continuant à être menés à l'encontre de ces habitudes nouvelles et de cet accroissement de la population, il y eut bientôt insuffisance. De là la nécessité d'appeler l'industrie agricole sur le terrain des exigences les plus pressées, de là l'utilité et l'importance de la fondation officielle de Poissy comme point de départ d'une institution qui aurait pour objet d'éclairer bientôt d'une vive lumière toutes les questions de la production raisonnée des animaux de consommation, si peu étudiée jusque-là qu'elle était une science à peu près ignorée dans notre pays, où l'intelligence ne fait pourtant défaut nulle part, où l'homme réunit pourtant toutes les aptitudes à un degré éminent.

Les conditions du concours avaient deux termes naturels, deux termes forcés : — l'âge et le poids des concurrents. Toutes les catégories imaginables pouvaient sortir de ce cadre et, en rayonnant, former autant de groupes qu'on le voudrait, soit pour répondre le mieux à la situation actuelle ou changeante des races appelées à concourir, soit aussi pour donner satisfaction à toutes les petites prétentions qui devaient surgir entre contrées rivales, entre races plus ou moins voisines ou éloignées.

Pour commencer, on établit dans l'espèce bovine les trois classes suivantes :

Animaux de quatre ans au plus, quel que soit leur poids ;

Animaux de 700 kilogrammes au moins, poids vivant, quel que soit leur âge;

Animaux de 699 kilogrammes au plus, poids vivant, quel que soit leur âge.

Cependant les animaux de la première classe, primés ou non primés, pouvaient concourir de nouveau dans la deuxième ou la troisième classe en remplissant, bien entendu, les conditions relatives au poids fixé.

Dès la première année, les poids furent déclarés insuffisants. On les éleva de 100 kilogrammes pour l'une et l'autre catégorie. Par contre on supprima, sans qu'il fût nécessaire de prolonger davantage une expérience parfaitement inutile, on supprima la médaille d'or que le premier arrêté accordait à l'engraisseur qui avait vendu l'animal choisi pour la promenade du *bœuf gras*, cette monstruosité, cette hérésie économique d'une autre époque.

Dans l'espèce ovine, les primes s'attachaient à des groupes et non plus à des individus. Chaque lot présenté devait être de vingt têtes d'animaux appartenant à la même race. Chaque animal devait peser, vivant, 40 kilogrammes au moins pour la 1re classe : au-dessous de ce poids, les lots ne pouvaient concourir que pour les prix de la 2e classe. A mérite égal, la palme était acquise aux animaux les plus jeunes.

Ces premières conditions furent bientôt modifiées. Dès 1845, il y eut trois classes distinguées comme suit :

Animaux de trente-six mois *au plus*, quel que soit leur poids;

Animaux de 50 kilogr. *et au-dessus*, poids vivant, quel que soit leur âge;

Animaux de 49 kilogr. et au-dessous, poids vivant, quel que soit leur âge.

On rentrait ainsi dans les conditions du programme établi pour la grosse espèce. Nul ne pouvait inscrire plus d'un lot dans chaque classe; mais les animaux primés ou non primés dans la première étaient admissibles dans les autres classes à la condition de remplir les exigences relatives au poids fixé pour chacune d'elles.

Une médaille accompagnait chaque prix offert : elle était en argent pour le producteur et pour l'engraisseur ; elle était en or lorsque la même personne avait fait naître et avait engraissé les animaux primés.

On n'admettait au concours que des animaux nés et élevés en France. Il fallait, de plus, aux termes de l'arrêté qui a réglé le concours de 1845, que les animaux fussent la propriété des concurrents depuis un an pour l'espèce bovine, et depuis six mois pour l'autre.

Enfin, et ceci était une clause capitale, les animaux primés devaient être livrés à l'abattoir, afin que le rendement proportionnel pût y être officiellement constaté.

Les autres articles de l'acte constitutif du concours ne traitaient que des formalités à remplir pour y être admis ou pour en recevoir les récompenses. Toutes nécessaires ou indispensables qu'elles soient, elles ne nous intéressent pas assez en ce moment pour nous arrêter. La seule chose que nous ayons à en dire, c'est que plus il est possible de les faire tout à la fois simples et peu nombreuses, et mieux vaut à tous égards. On ne sait pas toujours en haut lieu à quel point répugnent aux cultivateurs les formalités et les écritures et combien se tiennent éloignés des concours par paresse ou par horreur de la formalité. L'administration a donc fait sagement en n'exigeant que le moins possible à partir de 1847.

A cette époque, d'ailleurs, elle a introduit de nouvelles modifications dans le programme de l'institution. Des réclamations assez vives et très-nombreuses s'étaient élevées contre le classement des animaux par catégories de poids. On ne contestait peut-être pas que ce classement fût très-propre à faire bien connaître les races du pays les plus disposées à prendre la graisse, mais on disait qu'il en excluait beaucoup du concours et qu'on les tenait ainsi en dehors des encouragements officiels. Elles ne remplissaient plus alors, au point de vue de la consommation générale, le rôle d'utilité qui était en elles. On pouvait répondre et discuter longuement sans changer aucune conviction. Il était plus facile et plus court de modifier les dispositions réglementaires du concours, et l'on fit intervenir un troisième terme, — la race. Il s'ensuivit des combinaisons plus complexes, savoir :

1re *classe*. Veaux de quatre ans au plus, quels que soient leur poids ou leur race.

2e *classe*. Prix de races, sans distinction d'âge ni de poids.

3e *classe*. Prix principal à disputer par les lauréats des deux premières classes.

Il n'y avait plus d'exclusion. Aux treize races nominativement désignées dans la 2e classe, on ajoutait et leurs analogues et leurs dérivés par la race des mères. Ce n'était pas encore assez ; on fit une cinquième catégorie dans laquelle on réunit toutes les races françaises et étrangères non dénommées, et leurs dérivés par la race des mères. Il était impossible d'être plus libéral. Chacune des cinq catégories de la 2e classe avait deux prix de la même importance.

Les animaux de la 1re classe, primés ou non primés, conservent le droit de concourir dans la 2e classe avec ceux de leurs races.

Les mêmes dispositions sont prises en ce qui concerne l'espèce ovine.

La 1re classe admet les lots de vingt animaux âgés de trente-six mois au plus, sans condition de poids ni de race, pourvu qu'ils appartiennent néanmoins tous à une même race quelconque ;

Et la 2e classe, offrant trois catégories, donne six prix de races, sans distinction d'âge ni de poids.

Les catégories sont rangées sous ces trois rubriques :

Races mérinos et métisses mérinos ;

Grosses races à laine longue, telles que artésienne, flamande, normande, etc.;

Races à laine commune, gâtinaise, berrychonne, solognote et leurs analogues.

Les lots de la 1re classe, primés ou non primés, ne per-
dent aucun droit de rentrer dans la 2e pour concourir de
nouveau, à la condition de prendre place dans celle des trois
catégories à laquelle ils appartiendront par la nature de
leur toison.

Comme précédemment, d'ailleurs, nul ne peut faire con-
courir plus d'un lot dans la 1re classe, et l'exclusion s'étend,
pour la seconde, dans chacune des catégories qui la composent.

La médaille en argent dont chaque prix est accompagné
ne peut plus être accordée qu'à l'engraisseur; mais, si l'engraisseur est aussi le producteur, la médaille est en or. Cette
disposition, bien entendu, est la même pour les deux espèces
bovine et ovine.

L'institution est restée sous ce régime jusqu'en 1850 in-
clus, non-seulement à Poissy, mais à Lyon, à Bordeaux.

Cependant, à Lyon, les deux classes de prix affectées à
l'espèce ovine ne les distinguent que par l'âge.

1re *classe*. Moutons de 36 mois au plus.

2e *classe*. Moutons ayant plus de 36 mois.

A Bordeaux, on fait la même distinction d'âge, mais on
ajoute, pour la 2e classe, celle des principales races de la
région. C'est la même condition, rigoureusement observée,
qu'à Poissy.

A Lille, enfin, les exigences d'âges sont plus grandes pour
l'espèce ovine, car on réduit la limite d'admission à la
1re classe à des animaux de l'âge de 30 mois au plus. La
2e classe admet ceux d'un âge supérieur sans autre distinction également de race ni de poids.

Du reste, pour ces trois concours régionaux, les lots de

moutons ne sont composés que de dix têtes. C'est moitié du nombre exigé à Poissy.

L'espèce bovine est divisée, à Lille, en trois classes, savoir :

1re. Bœufs de 4 ans et au dessous, sans condition de poids ni de race.

2e. Bœufs de 4 ans et au-dessus, sans condition de poids ni de race.

3e. Vaches, sans distinction d'âge, de poids ni de race.

L'introduction des vaches dans le concours a été motivée, à la réunion de Lille, « par la différence des bases sur lesquelles repose, dans le nord de la France, l'économie du bétail, en ce qui concerne l'espèce bovine, par rapport à celles qui règlent la production animale dans les autres contrées. »

Tel que nous venons de le faire connaître, le plan général des concours ne satisfaisait pas encore tout le monde. L'administration put faire reviser son programme, et c'était assurément une bonne fortune, par une commission spéciale prise dans le sein du conseil général de l'agriculture, des manufactures et du commerce, pendant sa session de 1850. S'appuyant sur les bases proposées par la commission et adoptées par les trois conseils réunis, l'administration publia, à la date du 30 septembre de cette année, un programme nouveau dont voici les dispositions essentielles pour Poissy.

ESPÈCE BOVINE :

1re classe. Bœufs âgés de 4 ans au plus, sans acception de région, quels que soient leur poids et leur origine.

2e classe. Bœufs de circonscriptions régionales, divisés en bœufs d'âge et bœufs ayant au plus 4 ans.

3e classe. Bandes de bœufs composées de quatre animaux au moins, de même provenance.

Hors classe. — Un prix d'honneur de 2,000 fr. pour le bœuf le plus parfait de forme et d'engraissement parmi les animaux primés, sans distinction d'âge, de race ou de poids ; ce prix se transformera en une coupe de la valeur de 2,500 fr. si le lauréat a fait naître l'animal primé.

Les bœufs primés dans la 1ʳᵉ classe ne peuvent plus concourir que pour le prix d'honneur. Les animaux non primés de cette première classe sont aptes à concourir de nouveau avec ceux de la seconde pour leur région et avec les bœufs de leur âge.

Relativement à L'ESPÈCE OVINE, le programme abaisse de 36 mois à 24 l'âge des lots d'animaux admis à concourir dans la 1ʳᵉ classe sans distinction de région et quels que soient leur poids et leur race.

La 2ᵉ classe conserve la même division de races, sans distinction d'âge ni de poids.

Pour la première fois, L'ESPÈCE PORCINE est appelée au bénéfice des concours et au partage des encouragements officiels ; la nouvelle organisation la divise en deux classes ainsi dénommées :

1ʳᵉ *classe*. Grandes races.

2ᵉ *classe*. Petites races.

Les dispositions relatives aux médailles qui accompagnent tous les prix restent les mêmes ; cependant il n'en est point attaché aux prix d'honneur, afin d'éviter un double emploi.

Un arrêté complémentaire, en date du 2 janvier 1851, a fondé trois nouveaux prix au profit d'une autre classe d'animaux, les veaux gras, qui n'avaient point encore eu place dans l'organisation des concours.

Les changements introduits dans ce nouveau programme sont faciles à saisir. Nous voulons, toutefois, souligner celui qui a le plus besoin d'être remarqué : — la classification des animaux de l'espèce bovine par région au lieu et place de la division par race.

Le nombre des régions est de six, et on les rattache toutes à un chef-lieu principal, qui prend le nom de centre. Ainsi :

Saint-Lô, — Angers, — Bordeaux, — Aurillac, — Nevers, — et Vesoul. — Sept prix sont attribués aux races de la 1re circonscription régionale, — Saint-Lô ; cinq autres sont affectés aux élèves de chacune des cinq autres divisions du pays. La première reçoit 4,700 fr. de prix ; chacune des autres, 3,500 fr. Cette disposition accroît notablement la somme des encouragements précédemment accordés et doit donner une vive impulsion à la spéculation de l'engraissement du bétail, qui ne peut avoir lieu sur une large échelle sans qu'au préalable la production n'ait pris une très-grande activité.

L'analyse qui précède n'intéresse que le concours de Poissy. Voyons maintenant ce qui a été fait en faveur des autres.

Le programme de Bordeaux ne présente aucune modification quant à la grosse espèce, qu'il continue à diviser en bœufs de 4 ans au plus, quels que soient leur poids et leur race, et en bœufs répartis suivant leurs races sans distinction d'âge ni de poids.

L'âge des moutons, précédemment fixé à 3 ans, est abaissé à 30 mois, et l'espèce porcine est admise à disputer, sous la même classification qu'à Poissy, quatre médailles de différents modules.

A Nîmes, dans la première réunion, qui eut lieu les 25 et 26 février de cette année, les conditions générales du concours sont les mêmes qu'à Bordeaux, plus une 3e classe au bénéfice du gros bétail pour les bandes de bœufs composées de quatre animaux au moins, de même provenance et de même race.

L'espèce ovine est séparée en deux classes, sans autre distinction que celle établie par l'âge : animaux de 30 mois au plus ; moutons ayant plus de 30 mois.

Les porcs ont leur part du gâteau : un prix de 100 fr. pour les grandes races, et pareille faveur aux petites.

L'organisation du concours de Lyon ne subit aucune modification de principes. Cependant l'âge du mouton, comme à Bordeaux, est désormais abaissé à 30 mois. On y donne les mêmes encouragements à l'espèce porcine, quatre médailles en argent de différents modules pour les grandes et pour les petites races.

A Lille, non plus aucun changement sur l'année précédente, sauf l'annexion de l'espèce porcine, à laquelle on accorde le même nombre de médailles en argent, mais en faisant passer, cette fois, les petites races avant les grandes. A quoi tient ou cette inversion ou cette interversion? Faut-il voir une intention nouvelle, une autre tendance?

En 1852, nous n'avons à signaler que de très-légères modifications dans les concours régionaux, car celui de Poissy n'en présente aucune ni pour 1852 ni pour 1853. Avant qu'une institution ait pu être assise sur ses véritables bases, la recherche du mieux est chose naturelle et forcée; mais, quand l'expérience a déjà parlé, il y a certainement avantage à ne pas changer à la légère et à demeurer au moins quelque temps en présence des faits, afin de pouvoir les juger avec maturité, et afin de mieux discerner ce qui doit être incontestablement une amélioration et non plus un simple changement.

L'administration donne, à Bordeaux, à partir de 1852, son prix de bandes de bœufs composées de quatre animaux au moins, de même provenance et de même race, et n'ayant pas obtenu de prix dans les autres classes. Les premiers prix pour l'espèce porcine sont des médailles en or en 1852, et, à partir de l'année suivante, les prix sont en numéraire sans préjudice des médailles qui leur restent annexées, en or pour les premiers, en argent pour les seconds, en bronze pour tous les autres. Encore met-on à la disposition du jury, s'il y a lieu de l'accorder, une médaille d'or grand module, pour le cas où un éleveur aurait fait naître plusieurs des animaux primés ou seulement un animal particulièrement remarquable.

Les dispositions concernant les médailles sont étendues à tous les concours.

Nîmes obtient, dans l'espèce ovine, une troisième classe pour les agneaux de 3 mois au plus. Les conditions sont, d'ailleurs, les mêmes que pour les animaux d'un autre âge, savoir : des lots de 10 têtes appartenant tous à la même race. En 1853, on fait un pas de plus dans cette voie, et l'on crée un concours pour ce que l'on nomme des *agneaux de champ*, auxquels on donne un prix de 100 fr.

On cesse toute classification dans l'espèce porcine, à laquelle on offre, sans distinction aucune, trois prix en argent de valeur inégale.

A Lyon, nous ne voyons aucune modification aux programmes de 1852 et 1853, sauf la disposition qui ajoute des prix en numéraire aux médailles précédemment accordées aux éleveurs et engraisseurs de l'espèce porcine.

Lille garde aussi sa charte sans variations.

Le concours de Nantes est calqué sur celui de Bordeaux, mais, dès l'origine, plus richement doté. L'espèce porcine reçoit des prix en numéraire sous la même désignation encore : grandes et petites races.

1854 apporte de nouveaux changements au programme de Poissy, qu'il faut toujours prendre pour type et considérer comme la plus haute expression de la pensée administrative au sujet des concours. Les producteurs en adoptant des races douées d'une plus grande précocité, et les engraisseurs en perfectionnant les procédés d'alimentation, sont parvenus à mûrir plus vite et plus complétement les animaux spécialement élevés et nourris en vue de la consommation. Il suffit de rappeler le fait pour le mettre en saillie. Il est de ceux que chacun est à même d'apprécier, par la raison qu'il a touché la population entière par son endroit sensible, par l'augmentation des dépenses du ménage d'une part, et d'autre part aussi par une amélioration très-réelle dans le régime alimentaire de chaque jour.

Quelles modifications ont donc été introduites au programme de 1854, déclaré tout d'abord obligatoire pour trois années, sans altération possible ni de son esprit ni même de la lettre?

La première classe ouverte au concours de l'espèce bovine est divisée en deux catégories. La première n'admettra que des animaux de 3 ans au plus et la seconde que des animaux de 4 ans au plus, les uns et les autres, comme précédemment, sans acception de région, quels que soient leur poids et leur origine. Les bœufs non primés dans la première catégorie peuvent concourir de nouveau pour les prix affectés à la seconde. L'obtention d'un prix dans cette première classe exclut de tout autre prix que du prix d'honneur, mais les animaux non primés restent aptes à disputer les prix de la deuxième classe réservés aux jeunes bœufs.

Cette deuxième classe réunira les bœufs répartis entre les circonscriptions régionales déjà établies, mais elle les divisera en trois catégories :

Bœufs de 4 ans au plus, sans distinction de races;

Bœufs âgés de plus de 4 ans, appartenant aux races françaises pures ;

Bœufs âgés de plus de 4 ans, de races étrangères ou croisées.

La troisième classe restera exclusivement destinée aux bandes composées de 4 animaux au moins, les bœufs présentés dans d'autres classes étant inadmissibles à concourir dans celle-ci.

Cette nouvelle classification entraîne une augmentation assez notable dans le chiffre des prix offerts.

On maintient le concours spécial aux veaux; mais le prix d'honneur n'est plus accordé dans les mêmes conditions. Il consiste toujours en une coupe d'argent de la valeur de 2,500 fr., si l'animal primé est né chez le propriétaire qui l'expose; il ne consiste plus qu'en une médaille d'or de grand module, si l'exposant l'a seulement engraissé.

Les conditions du programme restent les mêmes quant aux divisions faites par l'espèce ovine; mais la première classe n'admettra plus que des bêtes ayant 18 mois au plus, au lieu de 24, et l'on accorde un prix d'honneur au lot de moutons reconnu le meilleur parmi tous les primés. Ce prix, fondé en 1853, consiste en une coupe d'argent d'une valeur de 1,200 fr., si l'exposant a fait naître les animaux, et seulement en une médaille d'or, s'il les a simplement engraissés.

Les moutons présentés seront tondus, mais conserveront une mèche de laine derrière l'épaule gauche.

Les distinctions ont changé pour l'espèce porcine. Il n'est plus question de grandes et petites races, mais de races françaises pures et de races étrangères pures et races croisées. Cette classification nouvelle porte en soi toute une révolution et une révolution prochaine dont les heureux effets seront promptement sentis jusque dans le moindre village du pays. C'est toujours le fait des infiniment petits qui deviennent un infiniment grand.

Les dispositions secondaires de l'arrêté ministériel n'avaient pas besoin de varier; elles sont de pure forme et ne touchent en rien aux principes.

Les modifications apportées, à la même époque, aux programmes des concours régionaux sont peu nombreuses, mais toutes marquent un nouveau pas vers le but poursuivi.

A Lille seulement, les classes ont changé pour la grosse espèce. La première renferme deux catégories comme à Poissy : l'une comprend les animaux de 2 à 3 ans; l'autre est spéciale aux bœufs de 3 à 4 ans au plus.

Cette réunion n'avait pas encore eu de prix de bande; à partir de 1854, cette addition a lieu, et le concours se trouve complété par une cinquième classe attribuant deux prix aux veaux.

L'âge des moutons a été partout égalisé à 24 mois au

plus pour la 1ʳᵉ classe, et nous ne retrouvons plus à Nîmes de prix pour les agneaux.

Enfin la distinction établie à Poissy entre les races de porcs a été étendue à tous les chefs-lieux, moins Nîmes, cependant, où les prix sont offerts à tous sans aucune spécification.

L'arrêté de 1857 précise mieux la condition d'âge des bœufs admis dans la première classe. Ceux de la première catégorie doivent être nés le 1ᵉʳ avril 1854, et ceux de la deuxième catégorie depuis le 1ᵉʳ avril 1853. Il était nécessaire, l'expérience l'a prouvé, de bien déterminer cette condition d'âge, afin d'éviter les fausses interprétations qui conduisent si aisément aux déclarations et à la fraude. On aurait pu dire d'une manière générale : l'âge se compte à partir du 1ᵉʳ avril. On sait que, sur le turf, il a été d'usage, pendant longtemps, de compter l'âge des chevaux d'une manière uniforme à partir du 1ᵉʳ mai d'abord, et, plus tard, du 1ᵉʳ avril ; puis les naissances ayant été successivement rapprochées des premiers jours de l'année, on est convenu que tous les chevaux entrant en lice pour disputer des prix de course prendraient leur âge du 1ᵉʳ janvier inclusivement. Les règlements ne varient pas à cet égard ; la règle est absolue.

C'est quelque chose de semblable qui a été fait pour la première classe de l'espèce bovine, car la condition s'est étendue à tous les concours. Le nombre et l'importance des prix attribués à cette classe ont, d'ailleurs, augmenté de manière à créer un véritable intérêt à l'engraissement précoce, non-seulement en vue du concours général de Poissy, mais aussi en vue des réunions régionales.

Il est regrettable qu'on n'ait pas cru devoir fixer aussi une limite d'âge aux animaux appelés à disputer les prix affectés à l'engraissement perfectionné des veaux. Cette appellation, assurément fort vague, comporterait, sans inconvénient, une définition plus rigoureuse. L'insuccès de cette

2

partie du concours peut bien tenir en partie à cette circonstance.

La limite d'âge a été parfaitement précisée pour l'espèce ovine, ainsi que nous l'avons dit un peu plus haut.
Ce n'est pas assez, en effet, que les lots admis à disputer les prix de la première classe soient déclarés n'être composés que d'animaux ayant 18 mois au plus, à la date même
du concours de Poissy ; il faut qu'ils soient tous nés depuis
le 1er octobre 1855, et cette disposition est la même pour
les autres réunions.

Nous voilà un peu loin de l'époque où l'administration
n'osait pas avouer tout haut que l'avenir de l'industrie de
l'engraissement profitable du bétail était justement dans le
fait d'une prompte maturité des races, loin aussi des précautions oratoires par lesquelles on expliquait au public
qu'il ne s'agissait pas de pousser toutes les races dans une
pareille voie. On ne se gêne plus aujourd'hui, Dieu merci,
pour aborder carrément la question. L'opinion s'est modifiée ; beaucoup de préventions ont été dissipées. Les races
précoces sont maintenant estimées à leur valeur, et chacun
se rend facilement compte des avantages des engraissements
hâtifs. La supériorité très-marquée des animaux qui, dans
le présent, se disputent les prix sur ceux qui les ont remportés avant eux n'est ni contestée ni contestable, et les concours démontrent bien leur propre utilité par les progrès
qui se sont accomplis depuis qu'ils existent et dont ils ont
été la cause efficiente.

Les prix de bandes ont été portés de 2 à 4.

Un prix d'honneur, consistant en une coupe d'argent de
la valeur de 800 fr., a été accordé pour les animaux de l'espèce porcine ; celle-ci, dès lors, a été élevée au niveau des
deux autres.

Enfin un nouvel encouragement a été ajouté au programme de Poissy ; il consiste en prix et médailles (dont le
nombre et la valeur ne peuvent être fixés qu'ultérieurement)

offerts aux propriétaires, français ou étrangers, qui présenteront des animaux des espèces bovine, ovine et porcine nés à l'étranger.

Telles sont les modifications introduites au programme de 1857 : on en a critiqué plusieurs dispositions ; on a trouvé qu'il n'allait pas encore assez droit au but et qu'il n'imprimait pas une direction assez nette à l'industrie de l'engraissement.

Nous analyserons plus loin ce qu'on a dit à ce sujet ; toutefois l'administration connaît les objections que l'on a faites à cette dernière charte de l'institution. Si elle ne l'a pas réformée, c'est, sans doute, qu'elle a de bonnes raisons pour la maintenir encore telle quelle. L'expérience ne nous a que trop démontré qu'un service public ne fait que bien rarement ce qu'il sait être le mieux. Mais, en ce moment, nous nous bornons à raconter ce qui a été et ce qui est.

Aussi, coordonnant entre eux les six arrêtés qui règlent actuellement les conditions des six concours d'animaux de boucherie organisés en France, nous allons essayer de les formuler en un seul, afin d'en présenter un programme d'ensemble dont on appréciera plus facilement les dispositions et la portée.

Le ministre....,

Considérant qu'il importe, dans l'intérêt des consommateurs et de l'agriculture, de développer, en France, la production et l'amélioration des animaux destinés à la boucherie, et de favoriser la propagation des races qui, par la perfection de leurs formes et leur engraissement précoce, fournissent le plus abondamment à la consommation ;

Vu les arrêtés précédents sur l'institution des concours annuels d'animaux de boucherie ;

Considérant qu'il importe à l'utilité des concours que le rendement des animaux primés soit régulièrement et légalement constaté ;

Sur le rapport du directeur de l'agriculture,

Arrête :

Article premier. Les concours d'animaux en France, savoir :

Le concours général de Poissy et les cinq concours régionaux, ci-dessous dénommés, auront lieu, chaque année, comme ci-après :

Sur les marchés de Lille et de Nîmes, } le mardi qui précédera la semaine sainte ;

Sur les marchés de Lyon, de Bordeaux et de Nantes, } le mercredi qui précédera la semaine sainte ;

Sur le marché de Poissy, le mercredi saint.

Des prix et des médailles d'encouragement seront décernés, s'il y a lieu, aux propriétaires des animaux des espèces bovine, ovine et porcine, reconnus les plus parfaits de conformation et les mieux préparés pour la boucherie.

Art. 2. — Dans chaque espèce, les prix seront classés et distribués conformément au tableau suivant :

A. CONCOURS GÉNÉRAL DE POISSY.

Espèce bovine.

1re classe. — Bœufs âgés de 3 ans et 4 ans au plus, quels que soient leur poids et leur origine.	**1re catég.** — Bœufs de 3 ans au plus. .	1er prix. 1,500 2e — 1,200 3e — 1,000
	2e catég. — Bœufs de 4 ans au plus. .	1er prix. 1,200 2e — 1,000 3e — 900
2e classe. Prix de régions. — Bœufs répartis entre les circonscriptions régionales. .	**1re catég.** — Bœufs de 3 ans au plus sans distinction de race.	1er prix. 800 2e — 600
	2e catég. — Bœufs de plus de 3 ans appartenant aux races françaises pures. .	1er prix. 800 2e — 700 3e — 600
	3e catég. — Bœufs de plus de 3 ans, des races étrangères pures ou croisées. . .	1er prix. 800 2e — 600
3e classe. Prix de bandes. — Bandes de 4 bœufs au moins, de même provenance. .		1er prix. 1,200 2e — 1,000 3e — 800 4e — 600
4e classe. — Veaux gras âgés de mois au moins, et de mois au plus. . . .		1er prix. 300 2e — 250 3e — 200 4e — 150

Hors classe. — Un prix d'honneur sera décerné au bœuf le plus parfait de forme et d'engraissement, parmi tous les animaux primés dans le concours, sans distinction d'âge, de race, ni de poids.

Les prix de la deuxième classe sont attribués à chacune des six circonscriptions régionales ci-après déterminées :

1re région. — Nord. — Pas-de-Calais. — Somme. — Seine-Inférieure. — Eure. — Calvados. — Orne. — Manche. — Eure-et-Loir. — Aisne. — Oise. — Seine-et-Oise. — Seine. — Seine-et-Marne. — Ardennes et Marne.

2e région. — Finistère. — Côtes-du-Nord. — Morbihan. — Ille-et-Vilaine. — Loire-Inférieure. — Mayenne. — Sarthe. — Maine-et-Loire. — Indre-et-Loire. — Vendée. — Deux-Sèvres et Vienne.

3e région. — Charente. — Charente-Inférieure. — Gironde. — Dordogne. — Lot-et-Garonne. — Tarn-et-Garonne. — Landes. — Gers. — Haute-Garonne. — Basses-Pyrénées. — Hautes-Pyrénées et Ariége.

4e région. — Cantal. — Puy-de-Dôme. — Creuse. — Haute-Vienne. — Corrèze. — Lot. — Tarn. — Aveyron. — Lozère. — Haute-Loire. — Ardèche. — Gard. — Hérault. — Aude. — Pyrénées-Orientales. — Drôme. — Vaucluse. — Bouches-du-Rhône. — Hautes-Alpes. — Basses-Alpes. — Var et Corse.

5e région. — Loir-et-Cher. — Loiret. — Indre. — Cher. — Aube. — Yonne. — Nièvre et Allier.

6e région. — Moselle. — Meuse. — Meurthe. — Vosges. — Bas-Rhin. — Haut-Rhin. — Haute-Marne. — Haute-Saône. — Doubs. — Jura. — Côte-d'Or. — Saône-et-Loire. — Ain. — Loire. — Rhône et Isère.

Espèce ovine. . . **1re classe.** — Prix d'âge. Moutons âgés de 18 mois au plus, quels que soient leur poids et leur race.. . . . .

1er prix. **1,000**
2e — 800
3e — 700
4e — 600
5e — 500

Espèce ovine.
(Suite.)

2ᵉ classe. — Prix de races sans distinction d'âge ni de poids.

1ʳᵉ *catég.* — Races mérinos et métisses mérinos..
- 1ᵉʳ prix. 600
- 2ᵉ — 500
- 3ᵉ — 400
- 4ᵉ — 300
- 5ᵉ — 200

2ᵉ *catég.* — Grosses races à laine longue telles que artésienne, flamande, normande, etc.
- 1ᵉʳ prix. 500
- 2ᵉ — 400
- 3ᵉ — 300

3ᵉ *catég.* — Petites races à laine commune, gâtinaise, berrychonne, solognote et leurs analogues.
- 1ᵉʳ prix. 400
- 2ᵉ — 300
- 3ᵉ — 200

Hors classe. — Un prix d'honneur sera décerné au lot de moutons reconnu le meilleur parmi tous les lots primés.

Espèce porcine.

1ʳᵉ classe. — Races françaises pures.
- 1ᵉʳ prix. 300
- 2ᵉ — 250
- 3ᵉ — 200
- 4ᵉ — 150
- 5ᵉ — 100

2ᵉ classe. — Races étrangères pures et races croisées.
- 1ᵉʳ prix. 300
- 2ᵉ — 250
- 3ᵉ — 200
- 4ᵉ — 150
- 5ᵉ — 100
- 6ᵉ — 80

Hors classe. — Un prix d'honneur sera décerné à l'animal reconnu le meilleur parmi tous les animaux primés.

B. Concours de Lille.

Espèce bovine.

1re classe. — Bœufs âgés de 3 ans et 4 ans au plus, quels que soient leur poids et leur race.

1re catég. — Bœufs de 3 ans au plus.	
1er prix.	700
2e —	600
3e —	500

2e catég. — Bœufs de 4 ans au plus.	
1er prix.	700
2e —	600
3e —	500

2e classe. — Prix de races sans distinction d'âge ni de poids.

1re catég. — Bœufs flamands.	
1er prix.	400
2e —	300
3e —	200

2e catég. — Bœufs comtois et leurs analogues.	
1er prix.	400
2e —	300

3e catég. — Bœufs de races diverses autres que celles désignées ci-dessus.	
1er prix.	400
2e —	300
3e —	200

3e classe. — Prix de bandes, bandes de 4 bœufs au moins, de même provenance.

Prix uniq.	500

4e classe. — Vaches grasses sans conditions d'âge, de poids, ni de race.

1er prix.	300
2e —	250
3e —	225
4e —	200
5e —	180
6e —	160
7e —	140
8e —	125
9e —	110
10e —	100

Espèce bovine. (Suite.)

5e classe. — Veaux gras, âgés de … mois au moins, et de … mois au plus…	1er prix.	150
	2e —	100
1re classe. — Prix d'âge. Moutons âgés de 18 mois au plus et de la même race…	1er prix.	400
	2e —	300
	3e —	200

Espèce ovine.

2e classe. — Prix de races sans distinction d'âge ni de poids…	1re catég. — Races à laine longue.	1er prix.	300
		2e —	200
		3e —	100
	2e catég. — Races mérinos et métisses-mérinos…	Prix uniq.	300

Espèce porcine.

1re classe. — Races françaises pures…	1er prix.	100
	2e —	75
2e classe. — Races étrangères pures et races croisées…	1er prix.	100
	2e —	75
	3e —	50

C. Concours de Nîmes.

Espèce bovine.

1re classe. — Bœufs âgés de 3 ans et de 4 ans au plus, quels que soient leur poids et leur origine…	1re catég. — Bœufs de 3 ans au plus…	1er prix.	600
		2e —	500
	2e catég. — Bœufs de 4 ans au plus…	1er prix.	600
		2e —	500
2e classe. — Bœufs âgés de 4 ans et au-dessus, quels que soient leur poids et leur race…		1er prix.	600
		2e —	500
		3e —	400
		4e —	300
		5e —	200
3e classe. — Prix de bandes. Bandes de 4 bœufs au moins, de même provenance…		Prix uniq.	500

Espèce ovine.

1re *classe.* — Prix d'âge. Moutons âgés de 18 mois au plus et de la même race. .
- 1er prix. 400
- 2e — 300
- 3e — 200

2e *classe.* — Moutons âgés de plus de 18 mois et de la même race. . . . . . .
- 1er prix. 250
- 2e — 200
- 3e — 100

Espèce porcine. . *Classe unique.* — Sans aucune condition. . . . . .
- 1er prix. 200
- 2e — 150
- 3e — 100

D. CONCOURS DE LYON.

Espèce bovine.

1re *classe.* — Bœufs âgés de 3 ans et de 4 ans au plus, quels que soient leur poids et leur origine. .
- 1re *catég.* — Bœufs de 3 ans au plus. .
  - 1er prix. 700
  - 2e — 600
  - 3e — 500
- 2e *catég.* — Bœufs de 4 ans au plus. .
  - 1er prix. 700
  - 2e — 600
  - 3e — 500

2e *classe.* — Prix de races sans distinction d'âge ni de poids. . . . . . .
- 1er *catég.* — Races charolaise, nivernaise et leurs analogues, à l'exclusion de tout croisement.
  - 1er prix. 600
  - 2e — 500
  - 3e — 400
- 2e *catég.* — Races bressane et franc-comtoise, à l'exclusion de tout croisement.
  - 1er prix. 500
  - 2e — 400
- 3e *catég.* — Races auvergnate, d'Aubrac, limousine, bourbonnaise, du Mezenc, dauphinoise et leurs analogues à l'exclusion de tout croisement, . . .
  - 1er prix. 600
  - 2e — 500
  - 3e — 400

Espèce bovine. (Suite.)

4e catég. — Toutes races ou sous-races françaises ou étrangères, pures ou croisées, non désignées ci-dessus.

2e classe. — Prix de races sans distinction d'âge ni de poids.	1er prix.	600
	2e —	500
3e classe. — Prix de bandes. Bandes de 4 bœufs au moins, de même provenance.	Prix uniq.	500

Espèce ovine.

1re classe. — Prix d'âge. Moutons âgés de 18 mois au plus et de la même race.	1er prix.	400
	2e —	300
	3e —	200
2e classe. — Moutons âgés de plus de 18 mois et appartenant tous à la même race.	1er prix.	200
	2e —	100

Espèce porcine.

1re classe. — Races françaises pures.	1er prix.	100
	2e —	75
2e classe. — Races étrangères pures et races croisées.	1er prix.	100
	2e —	75
	3e —	50

E. Concours de Bordeaux.

Espèce bovine.

1re classe. — Bœufs âgés de 3 ans et de 4 ans au plus, quels que soient leur poids et leur race.

1re catég. — Bœufs de 3 ans au plus.	1er prix.	700
	2e —	600
	3e —	500
2e catég. — Bœufs de 4 ans au plus.	1er prix.	700
	2e —	600
	3e —	500

Espèce bovine.
(Suite.)

2e classe. — Prix de races sans distinction d'âge ni de poids.

1re catég. — Race garonnaise et ses analogues.	1er prix.	600
	2e —	500
	3e —	400
2e catég. — Races gasconne, bazadaise et leurs analogues.	1er prix.	600
	2e —	400
	3e —	300
3e catég. — Races auvergnates (de Salers et d'Aubrac), limousine et leurs analogues.	1er prix.	600
	2e —	400
	3e —	300
4e catég. — Toutes races françaises ou étrangères, pures ou croisées, non désignées ci-dessus.	1er prix.	600
	2e —	400
	3e —	300

3e classe. — Prix de bandes. Bandes de 4 bœufs au moins et de la même race.. — Prix uniq. 500

Espèce ovine.

1re classe. — Moutons de 18 mois au plus et de la même race..

	1er prix.	400
	2e —	300

2e classe. — Prix de races sans distinction d'âge ni de poids.

1re catég. — Races du Languedoc, des Pyrénées, du Périgord, de l'Agenais, de la Gascogne et leurs analogues.	1er prix.	200
	2e —	150
2e catég. — Races du Poitou, de la Saintonge et leurs analogues.	1er prix.	200
	2e —	150
3e catég. — Race des Landes et ses analogues..	Prix uniq.	100

Espèce porcine.

1re classe. — Races françaises pures.	1er prix.	100
	2e —	75
2e classe. — Races étrangères pures et races croisées..	1er prix.	100
	2e —	75
	3e —	50

F. CONCOURS DE NANTES.

Espèce bovine.

1re classe. — Bœufs âgés de 3 ans et de 4 ans au plus, quels que soient leur poids et leur race...

1re *catég.* — Bœufs de 3 ans au plus..		
1er prix.	700
2e	—	600
3e	—	500
4e	—	400

2e *catég.* — Bœufs de 4 ans au plus..		
1er prix.	700
2e	—	600
3e	—	500
4e	—	400

2e classe. — Prix de races sans distinction d'âge ni de poids...

1re *catég.* — Races choletaise, parthenayse, nantaise et leurs analogues, à l'exclusion de tout croisement....		
1er prix.	600
2e	—	500
3e	—	400
4e	—	300

2e *catég.* — Races bretonnes du Finistère, du Morbihan, des Côtes-du-Nord et leurs analogues, à l'exclusion de tout croisement....		
1er prix.	400
2e	—	300
3e	—	200

3e *catég.* — Toutes races ou sous-races françaises ou étrangères, pures ou croisées, non désignées ci-dessus..		
1er prix.	600
2e	—	500
3e	—	400

3e classe. — Prix de bandes. Bandes de 4 bœufs au moins, de même provenance. . Prix uniq. 500

Espèce ovine. — **1re classe.** Moutons âgés de 18 mois au plus et de la même race....

1er prix.	200
2e	—	150

Espèce ovine. (Suite.)	**2e classe.** — Prix de races sans distinction d'âge ni de poids.	1re *catég.* — Races poitevine, vendéenne et leurs analogues, à l'exclusion de tout croisement étranger..	1er prix. 200
			2e — 150
		2e *catég.* Races des Landes de Bretagne.	Prix uniq. 100
		3e *catég.* — Races ou sous-races françaises ou étrangères, non désignées ci-dessus.	1er prix. 200
			2e — 150
Espèce porcine.	1re *classe.* — Races françaises pures.		1er prix. 150
			2e — 100
	2e *classe.* — Races étrangères pures et races croisées.		1er prix. 150
			2e — 100
			3e — 75
			4e — 50

Art. 3. — Aucun de ces prix ne pourra être décerné qu'à des animaux nés et élevés en France. Les animaux de l'espèce bovine, à l'exception des veaux, devront appartenir aux exposants depuis six mois au moins avant l'époque du concours ; — les moutons et les porcs, trois mois.

Une médaille accompagnera chaque prix : — en or, pour les premiers prix ; — en argent, pour les seconds ; — en bronze, pour tous les autres. .

Art. 4. — Le prix d'honneur attribué à l'espèce bovine consistera en une coupe d'argent de la valeur de 2,500 fr., si l'animal qui en aura été jugé digne est né chez l'exposant, et seulement en une médaille d'or de grand module, s'il n'a été qu'engraissé par lui.

Le prix d'honneur attribué à l'espèce ovine consistera en une coupe d'argent de la valeur de 1,200 fr., si le lot de moutons qui en aura été jugé digne est né chez l'exposant, et seulement en une médaille d'or, s'il n'a été qu'engraissé par lui.

Le prix d'honneur attribué à l'espèce porcine consistera en une coupe d'argent de la valeur de 800 fr., si l'animal qui en aura été jugé digne est né chez l'exposant, et seulement en une médaille d'or, s'il n'a été qu'engraissé par lui.

Art. 5. — Des prix et des médailles, dont le nombre sera ultérieurement fixé, seront distribués aux propriétaires, — français ou étrangers, — qui présenteront des animaux des espèces bovine, ovine et porcine *nés à l'étranger*.

Art. 6. — L'âge des animaux admissibles aux concours pour les prix d'âge se compte :

Pour les bœufs, à partir du 1er avril ;
Pour les moutons, à partir du 1er octobre.

Art. 7. — Les bœufs *non primés* dans la 1re catégorie de la 1re classe peuvent concourir de nouveau avec ceux de la 2e catégorie.

Au concours géné-
ral de Poissy :
{
Les bœufs *primés* dans l'une ou l'autre
catégorie de la 1ʳᵉ classe ne peuvent
plus concourir que pour le prix
d'honneur.

Les bœufs *non primés* dans la 1ʳᵉ classe
peuvent concourir de nouveau avec
ceux de la 1ʳᵉ catégorie de la 2ᵉ classe.

A Lille, — à Lyon, —
à Bordeaux, — à Nantes.
{
Les bœufs *primés* dans l'une
ou l'autre catégorie de la
1ʳᵉ classe ne peuvent plus
concourir avec ceux de la
2ᵉ classe.

Aucun des bœufs concourant pour les prix de bandes (3ᵉ classe) ne pourra avoir concouru dans une autre classe. Chaque bande, exclusivement composée d'animaux de même provenance, appartiendra en totalité au même propriétaire.

Art. 8. — Les moutons seront présentés par lots :

De vingt têtes au concours général de Poissy ;

De dix têtes seulement dans les concours régionaux.

Chaque lot sera composé d'animaux de la même race.

Toutes les bêtes, dépouillées de leur toison, auront néanmoins conservé une mèche derrière l'épaule gauche.

Dans tous les concours où la 2ᵉ classe attribue des prix de races à l'espèce ovine, les lots *non primés* dans la 1ʳᵉ classe pourront concourir de nouveau dans la seconde.

Art. 9. — Un propriétaire ne pourra recevoir qu'un prix dans chaque catégorie ; mais il pourra présenter autant d'animaux qu'il voudra dans chacune des catégories.

Dans le cas, cependant, où le jury estimerait que plusieurs animaux ou plusieurs lots d'animaux appartenant au même exposant auraient mérité des prix dans la même catégorie, il pourra être accordé, en sus du prix accordé, une ou plusieurs mentions honorables auxdits animaux ou lots d'animaux.

Chacune de ces mentions honorables sera constatée par la remise d'une médaille de bronze.

Art. 10. — Les prix et les médailles seront décernés en

séance publique, d'après la décision d'un jury nommé par le ministre de l'agriculture, du commerce et des travaux publics, qui désignera un président et un vice-président.

Ce jury sera composé conformément au tableau suivant :

	Membres de l'administr.	Membres de la société d'agr. de la ville.	Agriculteurs.	Membres de la boucherie de la ville.	Membre du bureau de la charcuterie.	Observations.
Concours général de Poissy.	Nombre indéterminé.	»	Nombre indéterminé.	2 A	1	A du syndicat de la boucherie de Paris.
Concours de Lille.	3	2	4	2	»	B du syndicat de la boucherie de Lyon.
— de Nîmes.	1	2	4	2	»	C du syndicat de la boucherie de Bordeaux.
— de Lyon.	3	2	4	2 B	»	D du syndicat de la boucherie de Nantes.
— de Bordeaux.	3	2	4	2 C	»	E du comice agricole central de Nantes.
— de Nantes.	3	2 E	4	2 D	»	

Ces jurys peuvent être répartis en sections.

Le jugement du jury sera prononcé à la majorité des voix.

En cas de partage, la voix du président sera prépondérante.

La présence de cinq membres sera nécessaire pour délibérer.

Art. 11. — La police des concours appartiendra exclusivement au commissaire général nommé près chacun d'eux par le ministère de l'agriculture, du commerce et des travaux publics.

Des commissions seront chargées, sous sa direction, de disposer convenablement le lieu du concours, de recevoir les déclarations exigées par l'art. 12, de peser et de mesurer les animaux, de les placer ainsi qu'ils doivent l'être, de maintenir l'ordre, etc., etc.

Art. 12. — Les propriétaires qui présenteront des animaux au concours seront tenus à une déclaration préalable qu'ils devront faire aux commissaires chargés de les recevoir.

Pour les concours régionaux, de huit heures du matin à quatre heures du soir :

A Nîmes, la veille du concours ;

A Lille, à Lyon, à Bordeaux et à Nantes, l'avant-veille du concours ;

Et, pour le concours général,

A Poissy, le samedi ou le dimanche des Rameaux, de dix heures du matin à cinq heures du soir le premier jour, et de huit heures du matin à deux heures du soir pour le second jour.

Ces délais passés, aucune déclaration ne sera admise.

Art. 13. — La déclaration des exposants indiquera :

— L'origine, la race et l'âge des animaux ;
— Le nom et la résidence de l'engraisseur ;
— Si celui-ci a fait naître les animaux ou seulement les a achetés pour l'engraissement ;
— Et, dans ce dernier cas, la durée de la possession.

Les propriétaires des animaux devront fournir, à l'appui de leur déclaration,

— Un certificat qui en constatera l'exactitude ;
— Et tous les renseignements que le jury croira devoir réclamer, soit sur le mode d'élevage et de nourriture, soit sur le rendement des animaux tant à l'abattoir qu'à l'étal.

Le certificat devra être signé par l'engraisseur et attesté, quant aux faits mentionnés, par le maire de la commune.

Art. 14. — Tout propriétaire convaincu d'avoir fait une fausse déclaration pourra être exclu du concours par le jury, pour un temps plus ou moins long.

Art. 15. — Dans les concours régionaux, les animaux devront être rendus sur le lieu de l'exhibition, la veille du concours, à 8 heures du matin au plus tard, et rester à la disposition du commissaire général pendant tout le temps jugé nécessaire.

Après cette heure, aucun animal ne sera reçu.

Pour le concours général de Poissy, l'arrivage des animaux, sur la place du marché, devra être terminé à 7 heures du matin : les animaux resteront à la disposition du jury pendant tout ce jour et le lendemain jusqu'à la fin des opérations.

Aucun animal ne pourra être emmené du marché sans l'ordre du commissaire général.

Aucune personne ne sera admise dans l'enceinte des concours pendant l'examen du jury.

L'exposition publique, dans les concours régionaux, sera ouverte immédiatement après la fin des opérations du jury ; elle commencera, à Poissy, le mercredi saint, à 9 heures du matin.

Art. 16. — Toute contestation relative à l'exécution des dispositions du présent arrêté sera immédiatement jugée par le jury.

Art. 17. — Le rendement des animaux primés sera suivi, à l'abattoir et à l'étal, par une commission composée des membres du jury et des commissaires des concours.

Dans les concours régionaux, cette commission sera présidée par le président ou vice-président du jury.

La présidence est déférée au commissaire général pour le concours de Poissy.

Les jurys et les commissions de rendement tiendront procès-verbal de toutes leurs différentes opérations et de toutes leurs délibérations.

Ces documents devront être adressés au ministre avant le 1er mai pour les concours régionaux, et avant le 1er juin pour le concours général de Poissy.

Art. 18. — Le payement des prix remportés dans les concours régionaux aura lieu dans les départements où sont domiciliés les lauréats, après la justification de toutes les conditions imposées par le jury.

A la suite du concours général de Poissy, le payement des prix sera ordonnancé au nom des ayants droit après que les obligations suivantes auront été remplies :

1e Déclarer le lendemain du concours, à la caisse de Poissy, l'adresse du boucher acheteur des animaux ;

Le prix de vente réel, à peine, par les propriétaires, dans le cas de fausse déclaration ultérieurement reconnue, de s'exposer à être exclus, à l'avenir, des concours du gouvernement;

2° Conclure avec MM. les bouchers et charcutiers, en imposant à ceux-ci, qu'ils demeurent ou non à Paris, l'obligation absolue : 1° d'abattre les bœufs, veaux et moutons à l'abattoir du Roule, les porcs à l'abattoir de Château-Landon; 2° de donner à MM. les membres de la commission de rendement tous les renseignements qu'ils pourront exiger sur le rendement à l'échaudoir et à l'étal, afin de leur permettre d'arriver à la constatation exacte des faits; de prévenir, en temps utile, les membres de la commission qui leur seront désignés, des heures d'abatage et de débit à l'étal, et de s'astreindre à opérer devant eux autant qu'ils l'exigeront.

Fait à Paris, le.......

Tout cela est bien un peu compliqué et laisse quelque chose à désirer quant au but qu'on se propose. Un pareil programme ne serait jamais sorti du cerveau d'un organisateur unique des concours; il sent trop le travail en commun : chacun y a mis quelque chose, et le tout est complexe au lieu d'être un.

L'âge, le poids, la race et enfin la région, tels ont été les divers termes du programme; il en est résulté bien des combinaisons étrangères au considérant que nous avons rapporté et qu'on a été forcé de perdre un peu de vue pour faire tomber les encouragements officiels sur des animaux qui n'ont réellement rien de commun avec la spécialité d'un concours d'animaux de boucherie. Cela donne raison à la critique qui, faisant table rase des réclamations et des récriminations qui assaillent une administration publique, va droit au résultat sans souci des chemins de traverse et court à travers champs pour atteindre plus vite le point d'arrivée. En la suivant, on rédigerait un programme plus simple et plus court, tel que celui-ci par exemple :

BOEUFS. — Six prix pour chaque région. — Animaux de 3 ans au plus, sans distinction de race ou de poids ;

Un prix général à disputer entre tous les exposants.

MOUTONS—Dix prix. — Animaux de 18 mois au plus, sans distinction de race, de poids et de laine ;

Un prix général à disputer entre tous les exposants.

PORCS. — Dix prix. — Animaux de 15 mois au plus, sans condition de poids ou d'origine ;

Un prix général à disputer entre tous les exposants (1).

Toute l'économie de ce programme reposerait sur un fait, sur une faculté, la précocité et l'aptitude à prendre la graisse. Il est certain qu'en présence des besoins actuels de la consommation, la solution pressante du problème posé à l'agriculture, qui produit le bétail, est tout entière dans cet ordre de faits et d'idées ; il est certain qu'on la hâterait beaucoup en la dégageant de tous les *impedimenta* qui l'étreignent.

§ II. — DES ÉPOQUES DES CONCOURS ET DE LEURS CHEFS-LIEUX.

La tenue des concours d'animaux de boucherie a eu lieu à deux époques différentes : peu avant les jours gras d'abord et ensuite peu avant Pâques. Cette dernière a prévalu sur tous les points. Les réunions de province paraissent devoir être définitivement fixées aux trois premiers jours qui pré-

(1) M. E. Jamet, *Traité de l'espèce bovine.*

cèdent la semaine sainte, et celle de Poissy d'une manière invariable au mercredi saint.

La raison d'être de ces fixations a été, croyons-nous, les époques des plus grands marchés dans chacun des chefs-lieux de concours. C'est logique, assurément, de primer la production abondante de la viande aux jours où les habitudes de la population impriment, en quelque sorte, une activité nouvelle au commerce et à la consommation de la viande; mais l'agriculture n'est pas toujours libre dans ses allures. Presque toujours sorties de la nécessité, ses habitudes, à elle, ne concordent pas nécessairement, dans tous les lieux, avec des exigences passagères. Aussi bien a-t-elle pour mission de remplir les besoins de tous les jours, et il est très-heureux que les différences de situation assurent dans tous les temps, d'une manière permanente, l'approvisionnement de tous les centres de consommation.

Ce fait est capital, et il faut bien lui accorder toute sa valeur. Il frappe d'imperfection, il rapetisse l'institution des concours d'animaux de boucherie, telle que les circonstances l'ont faite. C'est que l'engraissement du bétail n'est pas un moyen; c'est le but même de la production et de l'élève de certains animaux. Le but importe aux grands centres de consommation; les moyens intéressent les grands centres de production et d'élevage. En favorisant l'approvisionnement des grands marchés, les concours de bestiaux gras servent plus directement les intérêts de la consommation que les intérêts de l'agriculture, lesquels veulent, avant tout, l'amélioration des races. Il en résulte cette distinction fondamentale : L'amélioration et le perfectionnement du bétail sont une œuvre générale qui réclame les encouragements de l'État; les concours de bestiaux gras n'appellent que le concours plus restreint des centres de consommation auxquels ils profitent plus particulièrement. Si nous apprécions sainement les faits, les primes au bétail gras ne sont que le petit côté de la grande question agricole qui

embrasse les nombreux détails de la production intelligente des animaux. En donnant à l'institution des concours
toute l'importance qu'elle comporte, on s'est plus occupé
de l'approvisionnement de quelques grandes villes que de
la bonne direction à imprimer à la production des races arriérées de l'agriculture. A ce titre, le gouvernement a plus
fait encore pour les villes que pour les campagnes : le con-
tre-pied de ceci mènerait bien plus sûrement et plus rapidement au but qu'on a voulu atteindre.

Malgré tout le soin qu'on a mis, dans la rédaction des
programmes, à n'oublier aucune race, à faire en quelque sorte, dans les concours, la part de toutes les contrées où l'on élève, où l'on engraisse des animaux, il est
évident que les encouragements ne se répartissent pas d'une
manière également utile, et que plusieurs provinces restent
forcément en dehors du mouvement. Cela tient à l'époque
unique des réunions officielles, car, dans plusieurs régions,
l'engraissement du bétail ne se fait pas habituellement de
manière à concorder avec le jour des concours. Dans ce
cas, ceux des éleveurs qui s'y présentent sont obligés de se
livrer à des engraissements exceptionnels et onéreux. Les
prix offerts les tentent; ils essayent de les remporter, et
leurs efforts ne conduisent à aucun résultat satisfaisant,
parce qu'ils restent isolés et qu'ils n'exercent aucune influence sur la masse des produits. Le succès des concours
s'en accroît sans que l'approvisionnement général y gagne,
sans que les races en soient mieux traitées, sans qu'elles
avancent d'un pas vers leur perfectionnement. Les progrès
obtenus sont donc plus apparents que réels; ils sont partiels,
ils ne sont pas généraux.

Appuyons cette donnée sur les faits. Et par exemple, en
ce qui concerne l'approvisionnement de Paris en gros bétail, voici ce que nous voyons sur les marchés de la capitale :

De février à la fin d'avril, les bêtes grasses de l'Anjou, de
la Bretagne et de la Vendée;

De février à la fin de mai, celles de la Franche-Comté et de la Champagne;

De juin à septembre, les principaux envois de bœufs de la Bourgogne, du Charolais et du Morvan, qui envoient aussi, mais en moindre quantité et en moins belle qualité, pendant les autres mois de l'année;

De juin à la fin de septembre, les bœufs *maréchins*;

De juillet à décembre, ceux qui ont été engraissés dans les plantureux herbages de la Normandie;

D'août à la fin de décembre également, les bœufs qualifiés manceaux et nantais;

De novembre à juillet, le gros bétail du Limousin, de la Marche et du Berry;

Et enfin, de décembre à la fin de mars, celui du Bourbonnais et du Nivernais.

De cette étude il résulte tout d'abord que les habitudes de l'agriculture tiennent, en dehors des époques du concours, les variétés nourries par la Bourgogne, le Charolais, le Morvan, les marais du Poitou et de la Saintonge, par la Normandie, par le Maine et le pays nantais; ces contrées ne prennent donc part aux concours d'animaux de boucherie qu'en violentant leurs habitudes. A quoi bon, puisque l'approvisionnement doit se renouveler incessamment et qu'il importe qu'il soit toujours assuré et toujours régulier? Loin de contrarier les faits que les circonstances ont aussi heureusement échelonnés, il semblerait utile de favoriser une répartition aussi égale que possible des ressources à toutes les époques de l'année. Sans donc toucher à la date de plusieurs concours, notamment du concours général de Poissy, il y aurait lieu, peut-être, de reviser celle des centres où elles ne concordent pas assez avec les opérations agricoles.

Cependant il y a plus à demander qu'un simple changement de date, il faut aller jusqu'au bout et déplacer le siége des concours pour établir ces derniers dans les principaux centres de production et d'engraissement. Libre aux villes qui ont de grands besoins de s'approprier l'institution et de travailler efficacement à assurer leur approvisionnement. Ce faisant, elles pousseront à la roue, elles favoriseront la marche du progrès général ; mais, comme il s'agit, avant tout, d'un intérêt qui leur est propre, laissons à leur compte toutes les dépenses nécessaires à la réussite de ces réunions, faux frais divers, prix, médailles, et que l'État subventionne, comme il convient, les concours régionaux, ceux qui intéressent réellement l'agriculture.

On se plaint aujourd'hui que le plus grand nombre des prix soit remporté par des engraisseurs ou par des hommes qui ne spéculent que sur des animaux gras ; on dit que les encouragements sont ainsi détournés de leur véritable voie, puisque la plus faible partie seulement arrive aux mains des producteurs, à qui ils sont plus spécialement destinés, et l'on dit vrai ; mais ce fait est inhérent à la forme même du concours, et il semble qu'on la violente, quand on élève des barrières, quand on établit des catégories, quand on on trouve des exclusions. Sur un marché d'approvisionnement, quel est donc le plus méritant ? N'est-ce pas celui qui a réussi à le mieux pourvoir ? Qu'importe alors que ce soit un producteur-éleveur ou un engraisseur, ou simplement un spéculateur, un boucher ? Le but a été atteint, si le marché a été convenablement approvisionné ; c'est forcer l'institution, c'est la contrarier, la gêner dans ses conséquences immédiates, que de l'envelopper de mesures de police qui ne sont réellement point à leur place ici et qu'on se croit obligé de prendre néanmoins, afin de ne pas encourager une industrie, un commerce, quand on a voulu encourager l'agriculture. Cependant, on est forcé de convenir que cette industrie et ce commerce sont nécessaires à ce point qu'ils méritent aussi la sollicitude de l'administration. On tourne donc dans un cercle vicieux, car on ne peut exclure les spéculateurs et l'on ne donne pas aux agriculteurs qui se livrent à l'engraissement toutes les primes, tous les encouragements qu'on voudrait leur réserver. Il en sera ainsi tant que les concours se tiendront aux portes de quelques grandes villes; il n'en serait plus de même si on les portait au centre des contrées où l'engraissement est un fait général, une spéculation entreprise partout. Ici, tous les prix resteraient aux véritables producteurs de viande; les intermédiaires assisteraient aux concours non plus comme parties prenantes, mais comme acheteurs sérieux, et chacun serait dans son rôle, chaque chose resterait à sa place. Nous n'aimons pas à voir les cultivateurs s'éloigner beaucoup de leurs travaux; nous pensons qu'il faut, autant que possible, leur éviter de lointains et dispendieux voyages, et nous applaudissons aux institutions qu'on place au milieu des champs quand elles ont pour objet l'agriculture. Cette dernière a pour mission de produire, elle doit vendre ses produits, non en faire le commerce, non en trafiquer. Ce dernier objet est l'affaire des intermédiaires, de ceux qui achètent sur place pour aller vendre ailleurs. Les marchés ne feront jamais défaut au bétail, mais le bétail aux marchés. C'est donc vers les points où l'engraissement du bétail a besoin de prendre une activité nouvelle qu'il semble logique de porter le stimulant propre à cette industrie. Et puisque c'est plus particulièrement ceux qui font naître, élèvent et engraissent qu'on veut tout à la fois exciter et récompenser, n'est-ce pas à leur portée qu'il faut mettre l'excitant et la récompense?

A notre sens, les concours d'animaux de boucherie subventionnés par l'État devraient être nomades comme le sont les concours régionaux d'animaux reproducteurs, et se tenir à des époques favorables dans les divers centres d'engraissement du bétail. Ils y réussiraient plus complétement, et d'ailleurs leur succès y serait d'une tout autre nature qu'aux portes des grandes villes. Dans ces dernières, répétons-le, ils ne doivent intéresser qu'un approvisionnement spécial, et dès lors ils s'adressent plus particulièrement aux spéculateurs, aux industriels, aux commerçants; les autres intéresseraient surtout la production raisonnée des meilleures races de boucherie et s'adresseraient plus sûrement à ceux qui les cultivent avec le plus de soin et le plus d'intelligence. On poursuivrait ainsi le point cherché par deux voies différentes et parallèles. Mais qu'on ne s'y trompe pas, la plus certaine, la plus efficace est précisément celle qui n'a pas encore été appliquée et à laquelle mènent forcément les imperfections de l'autre.

Dans une circonstance officielle, un membre de l'administration supérieure de l'agriculture s'exprimait en ces termes :

« Les concours d'animaux de boucherie ne sont pas seulement un honneur rendu à l'agriculture ; c'est une arène ouverte au premier des arts dans l'intérêt de tous, c'est une lutte pacifique et féconde qui doit à la fois agrandir le domaine de la science, ouvrir au producteur une source nouvelle de profits, et au consommateur l'ère tant désirée de la vie à bon marché. »

Telles sont, assurément, les tendances de l'institution qui porte en soi tous ces bienfaits ; mais son organisation actuelle n'y conduit que très-lentement et par des voies détournées.

Le fait deviendra plus saillant, si l'on s'arrête un instant aux chiffres écrits dans les procès-verbaux des concours. En effet, ils sont relativement si petits, qu'on ose à peine les énoncer. Nulle part, ils ne sont en rapport avec les nombres des arrivages sur chaque marché. Qu'est-ce, par exemple, que deux cents bœufs environ se disputant à Poissy pour plus de 50,000 fr. de prix, si l'on fait état des médailles qui les accompagnent, comparativement aux 4,000 têtes d'animaux de la même espèce qui figurent, chaque semaine, sur ce grand marché d'approvisionnement de Paris? Qu'est-ce aussi que les vingt veaux environ qui viennent concourir pour les primes sur les trois ou quatre cents qu'on met en vente en même temps sur la même place? Qu'est-ce que les trois, quatre ou cinq cents moutons engagés pour enlever de 9,000 à 10,000 fr. de prix contre les vingt-cinq mille têtes que se partagent les bouchers toutes les semaines? Qu'est-ce enfin que les quarante à cinquante animaux de l'espèce porcine comparés aux quatre mille amenés là également toutes les semaines? Or tous ces chiffres doublent quand on additionne les arrivages qui ont lieu sur d'autres points et, entre autres, sur le marché de Sceaux; puis ils se grossissent bien autrement quand on les compare aux approvisionnements généraux de l'année.

Toutes proportions gardées, les faits ont la même signification dans les six concours. L'expérience est complète. Nous ne pensons pas que désormais les réunions officielles de bestiaux gras conservés aux grands centres de consommation donnent des résultats beaucoup plus larges que ceux des dernières années et qui peuvent se résumer dans ces trois propositions :

Un nombre d'exposants très-restreint ;

Un nombre d'animaux tout à fait insignifiant ;

La production de quelques phénomènes d'engraissement qui n'ont pas une suffisante influence sur l'avancement des masses.

On pousserait davantage à ce dernier résultat en portant l'enseignement des concours au sein des populations qui élèvent et nourrissent les races de boucherie. Les localités ne manquent pas en France, où les marchés ont, à certains jours, autant d'importance que celui de Poissy et beaucoup plus que ceux des autres chefs-lieux de concours ; mais ces époques ne se renouvellent pas toutes les semaines, pendant l'année entière ; elles concordent avec les habitudes contractées sous l'influence de causes qu'il faut bien se garder de contrarier, qu'il est bon de favoriser, au contraire, dans leurs effets et dans leur expansion. Les avantages des concours nomades, judicieusement placés chaque année, seraient précisément de détruire les inconvénients des concours actuels. On verrait bientôt augmenter en de très-fortes proportions et le nombre des exposants et la quantité de bétail exposé. On verrait peut-être moins d'animaux extraordinaires, moins d'individualités hors ligne, mais le niveau général s'élèverait très-notablement et la conséquence de ce fait d'ensemble serait une production à la fois meilleure et plus abondante.

Il est de l'essence même des institutions d'aller se perfectionnant sans cesse jusqu'au moment où l'expérience prouve qu'elles ont atteint leur apogée. Tout le monde rend justice à celle dont nous nous occupons. Elle est venue en son temps; elle a réalisé beaucoup de bien en étant tout d'abord ce qu'elle pouvait être dans les circonstances où elle a été fondée et développée. Elle a « eu pour principal résultat, à ce que l'on dit, de révéler les hommes qu'on peut caractériser de maîtres dans l'art d'engraisser le bétail. Le cachet de supériorité qu'ils savent imprimer à leurs produits, la constante perfection avec laquelle ils façonnent la matière vivante, livrent, chaque année, leurs noms aux applaudissements du public. Mais de si légitimes succès constatent parfois trop d'inégalités entre les concurrents pour que la lutte continue sans découragement et sans porter atteinte à l'émulation. Aussi quelques bons esprits craignent-ils que nos concours finissent par n'encourager que quelques grandes notabilités agronomiques en laissant en arrière la grande masse des cultivateurs qu'il importe pourtant le plus d'entraîner dans la voie du progrès....... » et l'on conclut ainsi : « Nous voudrions que quelques dispositions de détail fussent prises pour éviter la trop grande concentration des primes dans les mêmes mains. »

Ceci est grave, mais le vœu émis a été entendu. Le règlement a été remanié dans ce sens, et maintenant un propriétaire ne peut recevoir qu'un seul prix dans chaque catégorie. La réflexion est venue et l'on s'est aperçu, — un peu tard, — que « l'exclusion des trop habiles au profit de la masse » pourrait bien mener à l'encontre du but. Dans un concours d'animaux, la palme appartient au meilleur, d'où qu'il vienne, et quel que soit l'exposant, car, « sous prétexte de venir en aide à la masse, on découragera les nobles efforts, et la masse restera inerte, parce que la masse manquera essentiellement d'initiative. »

L'institution des concours d'animaux gras a soulevé de nombreuses questions, et, par ce côté déjà, elle a rendu de très-importants services. Peu d'entre elles ont été complétement résolues parce que l'influence exercée par les concours ne remonte pas encore à une époque assez éloignée, mais on a été mis sur la bonne voie et la marche a été rapide. Il faut aviser maintenant à ce qu'on ne s'attarde pas sur la route. Le moyen qu'il en soit ainsi est de se poser en face des imperfections que les circonstances ont fait surgir autour de l'organisation actuelle. Étant donné le but à atteindre, employer les moyens d'y arriver aussi complétement que possible dans le laps de temps le plus court, tel est le problème à résoudre.

Le petit nombre des concurrents a souvent préoccupé et l'on a dit : « Il faut bien le reconnaître, les concours d'animaux de boucherie ne pourront jamais présenter qu'un nombre limité de concurrents ; c'est une œuvre dispendieuse, chanceuse et délicate que de préparer une bête de concours ; peu de cultivateurs ont l'argent, le loisir et l'habileté nécessaires pour la mener à bonne fin. Chaque année, on voit arriver dans l'arène quelques concurrents qui se retirent vaincus pour ne plus reparaître ; d'autres les remplacent pour subir à leur tour la chance du combat ; mais le nombre des éleveurs qui peuvent entrer en lice a ses limites et s'épuise : il ne reste, comme sur nos hippodromes, que quelques lutteurs plus habiles, plus heureux, possédant des étables mieux garnies, ayant quelquefois à soutenir une réputation acquise. »

Ceci est la vérité prise sur le fait. Elle condamne l'organisation actuelle, qui a été bonne, excellente, mais qui a besoin de se modifier pour agir sur le grand nombre comme elle a agi sur quelques-uns.

La sorte des animaux exhibés dans les concours n'a pas été étudiée avec moins d'attention ; écoutons : « Serait-il avantageux qu'on vît se multiplier hors de toute proportion ces animaux, véritables sacs de graisse où la viande mangeable disparaît sous le tissu adipeux ; animaux qui ne donnent de profit ni à l'engraisseur, ni au boucher, ni au consommateur même, car le même fourrage qui les a produits aurait fait trois animaux *en chair ?* Il est bien, cependant, que quelques-uns de ces phénomènes d'engraissement soient mis sous les yeux du public, pour montrer jusqu'où l'art de l'engraisseur peut arriver, pour dévoiler les aptitudes de certaines races à la production précoce ou rapide de la viande. »

Cet inconvénient des animaux trop gras engagés dans la lutte est plus inhérent à la forme actuelle des concours qu'à l'institution elle-même. On l'éviterait bien plus sûrement en portant le siége des réunions officielles dans les localités dont nous avons déjà parlé. Et cette question a aussi une très-grande importance, car les concours établis dans les grandes villes ne réunissent guère d'animaux engraissés commercialement. Ils engagent la lutte entre des animaux qui prennent l'appellation spéciale et très-significative d'animaux de concours. Or ce sont les autres qu'il importe de perfectionner en masse. En poussant aux premiers, qui ne seraient jamais que des exceptions très-clair-semées, il faut bien reconnaître qu'on récompense exclusivement une faute économique. Aucune force quelconque n'attirera jamais l'agriculture en masse dans une pareille voie. A quoi donc se borne, dès lors, l'utilité de l'engraissement de concours ?

Il a été tout d'abord une nécessité. Il fallait montrer aux

producteurs la capacité de certaines races, leur donner la
preuve aussi que certaines nourritures, convenablement
administrées, produisaient plus vite et plus abondamment
que certaines autres sur certaines natures ; mais, une fois
bien démontrées, ces propositions sont acquises, et plus
n'est besoin aujourd'hui de fausser ou d'exagérer sinon les
principes de la science, tout au moins les résultats de la
pratique. La perfection de l'engraissement n'est pas l'excès,
et l'engraisseur le plus méritant sera toujours celui qui produira, à moindre prix, la viande la plus abondante et de la
qualité la plus élevée. L'engraissement commercial conduit
tout droit à ce résultat, en procurant, par le seul prix de
vente, la rémunération profitable de tous les faits qu'il oc-
casionne. L'engraissement de concours est ruineux, et, nous
le répétons à dessein, il constitue une faute économique
que nous n'avons plus aucune raison d'indemniser aujour-
d'hui.

Les Anglais, que nous avons souvent intérêt à copier et
dont nous reproduisons plus souvent la charge que la copie,
les Anglais sont revenus de l'exagération dans laquelle ils
étaient tombés, eux aussi, dans leurs exhibitions de bétail
gras. « Autrefois la perfection semblait consister à développer, chez les animaux engraissés, ces masses irrégulières de
graisse, ces boursouflures accidentées qui, brisant le niveau
de la surface de l'animal, effaçaient toutes ses lignes symétriques et en faisaient une masse informe, flasque et hébé-
tée, étouffant sous la graisse, sans mouvement, presque
sans vie. Aujourd'hui, le sentiment du beau, qui naît toujours du progrès, a fait justice de cette exagération mons-
trueuse qui caractérisait les concours de Smithfield et leur
donnait un caractère répulsif, presque odieux, qui était
devenu proverbial dans le pays. Maintenant la perfection
consiste dans le développement régulier de la masse char-
nue ; la surface est plane et nivelée, les lignes symétriques
ne sont ni interrompues ni brisées par les boursouflures

4

dont il vient d'être parlé. Tout est lisse, luisant et poli. L'animal, bien que développé jusqu'aux limites du possible, porte sa masse énorme avec aisance; son œil conserve l'intelligence de son instinct; solidement campé sur ses jambes petites, mais nerveuses, il présente un aspect cubique et solide sans en être accablé. »

Voilà donc la perfection. C'est vers elle qu'il faut diriger non les efforts de quelques-uns, mais les travaux de tous. Eh bien, redisons-le une fois encore, ce n'est pas dans les concours de nos grandes villes que se produira ce résultat si désirable. Ces concours n'excitent pas l'émulation générale, mais l'amour-propre et la convoitise de quelques-uns; ils sont le théâtre des exceptions et n'attirent pas la multitude. Si brillantes et si puissantes qu'on les rêve, les individualités ne peuvent rien sur les masses agricoles que par l'exemple et par l'initiative. Quand elles ont accompli cette tâche honorable et rude, elles doivent céder la place aux masses, car le rôle de celles-ci est de satisfaire à toutes les exigences, et elles ne manquent pas à leur mission dès que la route à suivre leur a été montrée.

Les concours régionaux et nomades sont appelés aujourd'hui à un grand succès. L'agriculture est prête pour d'importants progrès. Si on lui faisait l'institution telle que nous la comprenons, elle répondrait par des concours considérables sous le triple rapport du nombre des exposants, du nombre des animaux engagés et de la supériorité à la fois uniforme et marquée de ceux-ci quant à la perfection de l'engraissement commercial.

Nous arriverions ainsi à la perfection du genre. L'élévation des qualités ne porterait plus sur le petit nombre, mais sur des populations entières, et nos concours ne se distingueraient plus des marchés ordinaires de bêtes grasses que par plus de symétrie et d'uniformité dans l'engraissement.

Tel est le premier résultat à poursuivre en ce moment.

§ III. — DES RACES PRIMÉES DANS LES CONCOURS.

La question de race n'a été ni la moins controversée ni la moins grosse d'orage parmi toutes celles que l'institution a soulevées. L'administration a été accusée jusque dans ses intentions. On l'a trouvée trop anglomane parce que les programmes étaient rédigés de telle sorte que les prix les plus nombreux et les plus riches allaient aux animaux les plus jeunes et les plus précoces, c'est-à-dire aux animaux de la race durham et aux produits nés de son mélange avec les races indigènes plus avancées vers le but même de l'institution. Il y aurait bien des choses à dire encore sur ce sujet, mais la question n'en resterait pas moins ce qu'elle est. Appeler sur un point central des animaux gras de toutes les parties de la France et les faire concourir ensemble pour les mêmes prix ou même pour des prix différents, c'est forcer les spectateurs à établir des comparaisons judicieuses. Ce travail, l'opinion le fait *grosso modo*, en même temps que les juges du concours le font avec soin, minutieusement, avec connaissance de cause. Les prix vont nécessairement à ceux qui remplissent le mieux les conditions du programme. Tout est là, précisément, dans les conditions imposées : celles-ci doivent être générales dans un grand concours; elles spécialiseraient davantage dans des concours régionaux. En ce moment, il n'y a que des concours généraux, parce que leur siége est aux portes des principaux centres de consommation. Lyon, Lille, Bordeaux, Nantes et Nîmes ne sont pas des réunions régionales; celles-ci ne peuvent avoir lieu que dans les centres de production et d'engraissement. On sent la différence qui existe et la distinction que nous voulons établir entre ce qui se pratique et ce que nous croyons devoir être un progrès sur le présent.

Quoi qu'il en soit, les programmes ont été faits dans le sens de la plus grande aptitude à l'engraissement, et il eût

été au moins étrange qu'il en fût autrement pour des concours d'animaux de boucherie. Les bêtes les plus précoces
ont triomphé sur toute la ligne, bien qu'elles fussent les
moins nombreuses, et la démonstration cherchée a été complète; preuve a été faite, même pour les plus incrédules,
que le sang anglais était très-supérieur pour l'engraissement
précoce, condition essentielle pour une production abondante de viande. Les races indigènes, vaincues, se retiraient
du combat, et celui-ci aurait pu finir faute de combattants.
De là, toutes les modifications de programme que nous
avons passées en revue, et des distinctions de races, des
classifications par régions qui ont donné gain de cause aux
réclamants sans accroître beaucoup le succès des concours.
Les prix de régions ne seront jamais bien disputés dans des
concours généraux, car ceux-ci ne peuvent être hantés que
par le petit nombre; il n'en est plus ainsi lorsque la lice
s'ouvre dans la région même, où la concurrence est large et
facile, où le progrès se généralise en raison même des faci-
lités données aux concurrents.

Le sang durham accomplit son œuvre, mais il ne saurait
être partout substitué aux races locales. Dans les concours
généraux, il brille et fait rafle complète de tous les prix qui
lui sont offerts, tandis que les prix attribués aux races locales sont rarement décernés tous faute d'animaux. Il en serait bien autrement, si les conditions changeaient. Le sang
durham ne laisserait jamais en caisse un prix offert; il irait
le chercher n'importe où, et, en voyageant ainsi d'un concours à l'autre, il porterait successivement, dans toutes les
contrées où il est utile qu'on le connaisse mieux, l'enseignement de sa présence. Sur place, les races locales cueil-
leraient les palmes qu'on a voulu leur réserver et qu'elles
ne viennent pas quérir, incertaines qu'elles sont du résultat.

« Éclairer et diriger, a-t-on dit, voilà le devoir du gouvernement. » C'est fort bien en tant que la maxime est réel-

lement appliquée; mais, quand elle demeure à l'état de lettre morte ou à peu près, elle n'est plus qu'un mot emphatique et vide.

La lumière s'est faite dans les concours, mais pour le petit nombre seulement; elle ne rayonnera pour les masses qu'autant qu'on la portera au milieu d'elles. Alors seulement on les dirigera dans le sens du progrès; elles y seront réfractaires tant qu'elles n'y verront pas bien clair. Il faut faire pour tous ce qu'on a si bien fait pour quelques-uns.

En continuant, nous nous attarderions dans des idées générales que nous avons déjà développées sous une autre forme. Il est temps d'en venir à l'étude rétrospective des concours, tels qu'ils ont été, afin d'en résumer les faits et d'en bien établir la signification.

Au point de vue des races qui ont été primées dans les réunions tenues de 1844 à 1857, voici ce que nous apprend le dépouillement des documents publiés par l'administration de l'agriculture.

Espèce bovine. Il a été décerné, savoir :

Sur le marché de Poissy,	408	prix aux	bœufs et 17 aux veaux;
Sur le marché de Lyon,	133	—	bœufs;
Sur le marché de Bordeaux,	118	—	bœufs;
Sur le marché de Lille,	93	—	bœufs, 74 aux vaches et 12 aux veaux ;
Sur le marché de Nîmes,	49	—	bœufs.

Si nous laissons en dehors les vaches et les veaux, nous trouverons pour les bœufs un total de 875 prix donnés.

Voyons maintenant en quelles proportions ces prix ont été répartis entre les diverses races qui sont venues les disputer. La liste en est un peu longue. Loin d'accuser une richesse, elle trahit une déplorable incohérence dans les pratiques de l'économie. Chacune de nos provinces, et mieux que cela, a son bétail à elle; c'est à l'infini. Cette multiplicité s'explique, si même elle n'a sa raison d'être, quand les populations demeurent isolées, lorsque leurs habitudes

et leurs besoins sont distincts; elle est une fâcheuse ano-
malie dans les conditions opposées. Les mêmes habitudes
créent les mêmes besoins et réciproquement. A si courte
distance, les différences de climat ne comportent pas de pareilles variations dans un même espace. Il y a lieu de pousser à moins de multiplicité, à plus d'uniformité. Ceci peut
être l'œuvre des concours régionaux. En attendant, voici ce
qu'ils nous enseignent :

Sur les 875 prix, 340 ont été remportés par la race de
Durham pure (50), et les 24 variétés diverses, issues de son
mélange plus ou moins ancien avec autant de races, ou ce
que l'on qualifie telles. Le langage de la zootechnie est encore d'un vague désespérant, et l'homme de science a bien
de la peine à se reconnaître quand il veut serrer l'étude
d'un peu près. C'est dans les documents officiels que nous
relevons toutes ces dénominations dont le chiffre est si gros
de divergence.

En Normandie, par exemple, nous avons la race normande, puis la race cotentine, et enfin la race augeronne.
Chacune d'elles, alliée à la race durham, crée des métis
qu'on affuble, à leur tour, de la même qualification, et nous
voici en présence de la race durham-cotentine, qui a remporté quarante et un prix, dont un de bande; de la race durham-normande, qui a obtenu vingt-trois prix, dont un de
bande, et de la race durham-augeronne, qui figure pour un
prix seulement. Et nous allions oublier la race durham-
schwitz-normande, qui en tient aussi, pour lui faire honneur assurément, car elle est partie prenante pour dix-neuf
prix, dont deux sont des prix d'honneur. Ajoutons bien vite
que celle-ci a acquis une telle réputation, que, pour rendre
justice aux persévérants efforts d'où elle est sortie, on l'a
mise à part et appelée *sous-race de Durcet*, du nom de la
terre où elle a été intelligemment créée par M. le marquis
de Torcy, dont le fils aîné, M. le comte Raph. de Torcy, est
maintenant l'habile continuateur. Si nous mettions au

compte de la race normande, même en laissant de côté la nouvelle sous-race de Durcet, tout ce qui lui incomberait sous cette appellation générique, nous trouverions que son métissage avec la race de Durham, si parfaitement appropriée à l'abondante et précoce production de la viande, a très-convenablement réussi, puisqu'il a obtenu, sur les deux cent quatre-vingt-dix prix accordés aux divers métis du durham, un peu plus du 1/3, soit soixante-cinq prix. Cependant elle n'a que le troisième rang.

En effet, au-dessus de la race durham-normande, puisque race il y a, je présente d'abord ce qu'on introduit dans le monde agricole sous le nom de race durham-charolaise. Celle-ci apparaît avec le chiffre très-respectable de soixante-seize prix, dont deux prix d'honneur et deux prix de bande. Ce résultat parle haut en faveur du croisement durham-charolais. Il prouve, d'ailleurs, qu'il se généralise dans la race et que les produits sont menés tout droit dans le sens de leur plus grande aptitude. Le Charolais a des éleveurs très-intelligents et très-soigneux : les premiers, en France, ils ont compris les bonnes règles de la production du gros bétail, et les premiers, en masse, ils ont su profiter des conditions favorables à la complète réussite d'une race plus spécialement apte à la production abondante de la viande.

La sous-race durham-mancelle dispute de près à la précédente la prééminence, une prééminence de bon aloi, sur les marchés de bestiaux gras. Elle a remporté soixante-douze prix, et dans ce nombre figurent trois prix d'honneur et six prix de bandes.

Les prix d'honneur sont tout en faveur de l'excellence de l'individu, considéré comme type de la perfection dont est susceptible la race ; les prix de bandes témoignent davantage de l'élévation du niveau général de la race : nous croyons la distinction très-rationnelle et très-fondée.

Nous pouvons appliquer aux éleveurs de cette race les éloges que nous avons déjà donnés aux éleveurs de la race

charolaise , mais ils ont eu , fortune bien rare, pour les
pousser à toutes voiles dans la route qu'ils suivent avec honneur et profit, les efforts soutenus et persévérants d'un
homme qui fait école à bon droit, M. Emile Jamet, écri-
vain agricole éminent , homme de progrès influent parce
qu'on le sait, avant tout, consciencieux et vrai.

Immédiatement après ceux-ci , le métissage qui paraît
avoir le mieux réussi, peut-être aussi celui qui a été le mieux
pratiqué, intéresse la race durham prise comme race de perfectionnement et la race schwitz, ou telles autres variétés
suisses non autrement désignées. Le premier mélange
obtient dix prix, dont deux d'honneur, et le croisement
durham-suisse sept, en tout dix-sept.

Viennent maintenant :

Les métis de la race bretonne		pour	8 prix.
— —	flamande	—	6
— —	bourbonnaise	—	5
— —	choletaise	—	4
— —	auvergnate	—	4
— —	hollandaise	—	3
Et ceux de 7 autres races		—	11

Cette énumération prouve que la race durham a été essayée un peu partout et que ses produits n'ont pas été trop
malheureux puisqu'ils ont pris le pas un peu partout.

Voici, du reste, comment les prix obtenus se répartissent
entre les six chefs-lieux de concours :

A Poissy. . . . 224
A Lyon. . . . 33
A Bordeaux. . 12
A Lille.. . . . 12   } Total pareil. . . . . 340 prix.
A Nîmes.. . .. 8
A Nantes.. . . 51

Parmi les races qui appartiennent à la France et auxquelles les documents officiels donnent l'appellation de
races pures, nous retrouvons au premier rang la race cha-

rolaise qui emporte cent quatorze prix, dont treize de bandes.

Viennent ensuite :

La race	garonnaise	pour	49	dont	3 de bandes.
—	choletaise	—	38		
—	limousine	—	34		
—	comtoise	—	29		
—	de Salers	—	28	dont	6 —
—	flamande	—	27	dont	1 —
—	d'Aubrac	—	22	dont	4 —
—	bourbonnaise	—	21		
—	cotentine	—	19		
—	bazadaise	—	14		
—	bretonne	—	13		
—	auvergnate	—	11	dont	2 —
—	agenaise	—	11		
—	bressane	—	10		
—	périgourdine	—	9		

Il y en a encore trente-huit pour la plupart assez ob-scures ou tout au moins nourries par des éleveurs peu soucieux de les produire : elles se partagent assez inégalement, d'un à sept, les deux cents prix restants. Il y a des noms ou des croisements bizarres, et l'on est bien fondé à se demander, quand on y réfléchit, ce qu'ont voulu obtenir ceux qui ont essayé de certains mélanges. C'est à cela qu'il faut qu'on en vienne dans notre pays, à savoir ce qu'on veut, vers quel but on tend. Trop généralement, les éleveurs marchent au hasard, sans s'inquiéter d'où vient le vent, sans trop de souci des besoins qu'ils sont chargés de remplir ; et, s'ils ont volontiers recours au croisement comme au changement de semences pour leurs terres, ils ne raisonnent pas leur choix avec la même sagacité, il s'en faut.

Au concours des vaches grasses, il faut mettre à l'écart la race de Durham et ses dérivés, dont on n'envoie sans doute les mères à l'abattoir que lorsqu'elles ont vieilli autant que possible. Elle compte néanmoins encore ici pour six prix

obtenus. Le gros lot est nécessairement pour la race flamande, qui est dans son centre et qui, sur les cinquante et
une récompenses, en emporte quarante-neuf.

Pour les veaux, à Poissy, c'est la Normandie qui prime
avec sa race cotentine : seize prix sur dix-sept ont été donnés aux jeunes produits de cette province. A Lille, les indications sont à peu près nulles, mais, selon toute apparence,
les prix se sont placés dans la race flamande.

Poissy est le principal théâtre des succès des races charolaise, de Salers, choletaise, cotentine et limousine. A
Lyon, la race qui domine la situation est encore la charolaise;
puis celles du Bourbonnais et de la Bresse. A Bordeaux,
nous trouvons la garonnaise et l'agenaise, la limousine, la
périgourdine et la saintongeoise. A Lille, les races sont peu
nombreuses : la flamande et la comtoise tiennent les deux
grandes places, laissant loin en arrière, par le nombre,
les cinq autres races qui ont obtenu un souvenir plutôt
qu'un nom dans ce chef-lieu de concours. A Nîmes, la race
d'Aubrac a de beaucoup le haut du pavé. A Nantes enfin,
nous retrouvons la race choletaise qui domine, puis les
races bretonne et auvergnate, si éloignées l'une de l'autre
pourtant, et la race mancelle que nous ne voulons pas
omettre et qui, dans son contingent, compte un prix de
bande.

Tout incomplètes qu'elles soient, ces données aideront
peut-être les éleveurs à se reconnaître. Les résultats des
concours ne peuvent être bien vus qu'à distance et lorsque
les faits sont déjà assez nombreux pour former groupe sur
les points essentiels.

Voyons maintenant ce qui est advenu pour l'espèce ovine,
laquelle a obtenu trois cent soixante-neuf prix dans les six
concours officiels.

Soixante-dix-neuf races nommées figurent à la table des
récompenses qu'on ne saurait appeler pour cela le tableau
d'honneur de l'espèce. Il y a ici une déplorable confusion,

et les observations que nous avons attachées à la multiplicité des races dans la grosse espèce sont plus fondées encore en ce qui touche les bêtes blanches. On reconnaît bien, au premier coup d'œil, que l'espèce ovine a, durant bien des années, été cultivée surtout pour la production de la laine et non en vue de la production de la viande. A ce point de vue, l'espèce est chez nous dans une phase de transition qui appelle et promet une situation nouvelle tout autre et plus en rapport avec l'immense développement des exigences actuelles de la consommation.

La race mérine, qui n'est pas précisément une race de boucherie, a remporté seize prix ; mais ce nombre grossit et arrive à soixante-douze, soit au 5ᵉ degré environ de la totalité, si nous disons : la race mérine et ce que les programmes qualifient de métis mérinos.

Le métis mérinos, si multiplié dans quelques quartiers de la France favorables à l'entretien des troupeaux de cette espèce, forme, en dépit de toutes les variétés, comme une sous-race presque homogène. Ce n'est point un type comme le mérinos, cela va de soi, mais il a des caractères partout assez semblables pour qu'il n'y ait rien à redire à la catégorie spéciale qui porte ce nom.

Il n'était pas possible, quand on a reconnu, un peu tardivement, la nécessité de s'occuper moins des qualités de la toison et davantage de la production abondante de la viande, il n'était pas possible de remplacer partout où il vit le mérinos et ses dérivés par des troupeaux de races plus aptes à l'engraissement. On a donc eu recours au croisement. Deux races étrangères, deux types anglais, ont particulièrement fixé l'attention des éleveurs. Elles sont parfaitement connues aujourd'hui dans leur aptitude ; avant peu, on les connaîtra beaucoup mieux encore sur les marchés d'approvisionnement. On a déjà nommé ces races, — la *dishley* et la *southdown ;* une troisième a été également essayée, celle des *new-kents.*

La première a été plus particulièrement alliée avec les races indigènes de l'Artois, du Berry et de la Sologne, mais surtout avec des femelles de la grande tribu des mérinos et des métis mérinos. Ce dernier croisement, sans doute pratiqué plus en grand, est aussi de tous celui qui a produit les résultats les plus considérables et obtenu les plus nombreux succès dans les concours d'animaux de boucherie. Les métis du Dishley figurent au tableau pour soixante-cinq prix, et, dans ce nombre, le dishley mérinos est partie prenante pour trente-quatre, y compris les cinq prix d'honneur accordés à l'espèce, car il les a tous remportés.

Le southdown est moins avancé dans les faits accomplis, les seuls que nous examinions. Il a été employé plus nouvellement en Sologne et dans le Berry, en Picardie, et sur quelques points du midi. Ses produits comptent onze prix.

Et le new-kent tout autant. C'est avec les mérinos et la race artésienne que celui-ci a remporté ses principaux avantages.

Huit races ou sous-races, nous ne savons, en vérité, quelle qualification leur attribuer, se présentent comme issues de béliers *anglais*, sans autre spécification, et de diverses variétés françaises. Elles sont alors désignées dans les publications du ministère sous ces différentes appellations : anglo-artésienne, anglo-berrychonne, anglo-normande, anglo-picarde, anglo-barbarine, etc. Nous ignorons à laquelle des races anglaises on peut rapporter l'honneur des trente-quatre victoires remportées par les produits de tous ces mariages. L'insuffisance que nous signalons dans les renseignements officiels est, sans nul doute, très-regrettable. Le nombre et la constance dans le succès sont assurément des raisons probantes ; en les faisant ressortir auprès des éleveurs, la portée est bien vite saisie, et chacun se met en marche hardiment pour arriver plus tôt au point cherché. On ne saurait donc mettre trop de soin à obtenir des déclarations rigoureusement exactes. En pareille matière, il est nécessaire, il faut que les points soient appliqués sur les *i*.

Les métis dishleys-artésiens primés sont au nombre de treize; les kento-artésiens sont six, et les anglo-artésiens seize. S'il avait été possible de distinguer, parmi les autres, ceux qui appartiennent, selon toute apparence, à ceux-ci ou à ceux-là, il y aurait une lumière de plus, et nous apprécierions plus complétement les avantages que présentent l'une ou l'autre race au point de vue de l'avancement des troupeaux de l'Artois. Un fait ressort pourtant de ces chiffres, c'est l'utilité de verser du sang anglais sur la race artésienne. A l'état de mélange avec une race anglaise quelconque, elle remporte trente-cinq prix; dans sa condition propre, elle n'en obtient que deux. Voilà, ce semble, une question parfaitement étudiée.

En dehors des mérinos dont le grand nombre écrase les races indigènes, celle qui a le plus marqué dans les concours est la race poitevine, qui figure pour seize prix; puis celles du Bourbonnais et du Charolais, qui ont chacune douze prix; celles de Larzac et de Mortagne (Bretagne), qui se présentent, *ex æquo*, l'une et l'autre, avec onze prix. La race landaise en emporte neuf, celle de Laguiole huit, la flamande et l'agenaise sept chacune. Qu'on nous dispense d'en nommer trente autres, — tout autant, — parmi lesquelles il en est peu qui aient un nom, et qu'on nous permette de terminer par la race de la Charmoise, riche de ses dix-huit récompenses, dont une accordée à son croisement avec la race berrychonne.

Un succès aussi éclatant ne doit pas passer inaperçu. Il recommande à juste titre la savante création de M. Malingié-Nouël, continuée avec une sollicitude fort éclairée par M. Paul Malingié, son fils. Peu de bruit s'est fait autour de cette race, bien qu'on en ait parlé cependant. Mais on en a parlé sans emphase, sans charlatanerie, pour en dire ce qui est, et rien que ce qui est. La vérité ne suffit pas toujours, et ceux-là qui ne font pas de pompeux éloges, épicés de promesses menteuses, risquent fort de rester dans l'oubli. M. Paul Malingié n'aime pas la réclame, ceci soit dit à son honneur, mais les faits trahiront son silence et diront : La race ovine de la Charmoise s'est montrée, dans nos concours, le digne pendant de la race bovine de Durcet. Ses succès ouvriront à la fin les yeux sur son mérite propre ; aucune race n'a obtenu autant de distinctions effectives, et il faut, comme pour la vacherie de Durcet, mettre en regard les chiffres des grandes populations de l'espèce qui concourent et le petit nombre des existences dans chacune de ces deux créations françaises.

L'espèce porcine n'a été que tardivement admise dans les concours d'animaux de boucherie. Son importance, bientôt mieux appréciée, lui a rapidement conquis un rang élevé. Mais qu'il était temps qu'on s'en occupât pour en bien connaître toute l'infériorité ! Ce n'est pas que, relativement, cette infériorité soit plus grande ou plus réelle que dans les autres espèces ; mais on s'en rendait moins facilement compte, en raison même du traitement spécial que reçoivent les éducations de cette espèce. Dans la plupart des localités, le cochon est élevé et engraissé avec une sollicitude qui n'entoure pas toujours les autres animaux. En beaucoup d'endroits, il est de la famille et reçoit des soins qu'on ne donne certainement pas aux enfants de la maison. Malgré cela, la routine est si profonde et les races sur lesquelles on opère sont tellement arriérées et prodigues, que la moitié de la nourriture absorbée comme la meilleure part des soins accordés tombe en pure perte, car des races mieux douées produiraient largement le double avec la même dépense. L'expérience a été faite et a frappé tous les esprits. Enfin, grâce aux concours qui, cette fois, ont éclairé d'une vive et prompte lumière la marche à suivre, l'avancement de toutes nos races vers une plus grande aptitude à l'engraissement sera désormais rapide.

Le premier fait qui ressort de l'examen des données obtenues dans les concours, c'est l'immense confusion des idées qui président à la reproduction de cette espèce en France. Nous avons bien tort de dire les idées ; c'est bien plutôt l'absence d'idées et de saine pratique qui a livré cette partie de la population animale aux pratiques routinières et à l'ignorance auxquelles elle doit son infériorité actuelle. D'autre part, on ne connaissait guère de nom que deux races dans le pays, — la craonnaise et la normande, et l'on aurait été fort embarrassé d'énumérer les qualités qui pouvaient en recommander la culture préférablement à d'autres variétés. Aussi, les premiers concours, ceux qui ont admis les animaux de toutes sortes sans condition aucune, et ceux qui ont établi cette distinction, — grandes et petites races, — ont été d'une extrême pauvreté. L'intérêt ne s'est révélé que lorsqu'on a formé ces deux classes : races pures françaises, — races étrangères pures ou croisées.

Oh ! alors, l'enseignement a été complet, si complet même, qu'après une expérience, d'ailleurs très-concluante, on a pu exprimer le vœu que les races françaises fussent toutes exclues des concours, et qu'une seule classe, dans cette espèce, n'appelât à l'honneur de disputer le prix que des animaux de races étrangères ou croisées. Il y a encore ici matière à divisions : les races étrangères pures et les variétés obtenues des croisements pratiqués avec leurs sujets d'élite.

Nous croyons, en effet, avec tous les hommes compétents, M. E. Jamet en tête, qui a formulé leur pensée à tous, nous croyons qu'il est parfaitement inutile de pousser à la reproduction de races faméliques qui ont ce singulier privilége de consommer beaucoup et de produire peu, quand il existe des races toutes faites et parfaites qui ont l'avantage de consommer peu et de produire abondamment. Mais cette cause paraît gagnée aux yeux de tous. Les amé-

liorations à réaliser sont tellement évidentes, que nul n'es-
sayera de faire résistance. L'engraisseur saura toujours livrer en temps opportun, à la consommation, les bêtes venues à leur point, comme disent les entraîneurs. Les tours
de force, ici, ne font que constater une immense aptitude
qu'on n'a pas besoin de pousser jusqu'à son extrême limite.
On sait bien ceci, et l'on s'en rend bien compte : qui peut
le plus réalise aisément le moins.

Deux cent trois prix ont été décernés, dans nos six chefs-
lieux de concours, aux animaux de l'espèce porcine;
soixante-onze ont été donnés aux races françaises pures,
cent trente-deux aux races étrangères pures et à leurs métis.

Les races françaises qui ont le plus marqué appartiennent à la Normandie, où l'on distingue encore la race normande de la race augeronne. Ensemble, elles emportent
vingt et un prix, et c'est au concours de Poissy qu'on les
trouve. Sur le marché de Lyon, c'est la race charolaise qui
domine ; à Bordeaux, c'est la périgourdine ; à Nantes, c'est
la craonnaise, qui pourtant n'obtient que dix récompenses.
A Lille et à Nîmes, il n'y a pas de race spéciale, mais seulement des produits issus de croisements très-divers. On en
compte pour le moins quarante-deux parmi les animaux
primés. Cette multiplicité témoigne en faveur des efforts
qui sont faits pour transformer rapidement nos races françaises, ou tout au moins pour les améliorer. Les résultats ne
se feront pas longtemps attendre dans cette espèce; on ne la
cultive à d'autre fin que de produire, vite et en quantité, de
la viande. Aucun autre produit ne vient se jeter à l'encontre. Il ne s'agit pas ici, comme dans les espèces ovine et
bovine, d'obtenir, à un degré plus ou moins élevé, des qualités différentes, sinon incompatibles, dans le même individu ; il ne s'agit pas de poursuivre, pour le réaliser, le
rêve des animaux à deux fins ou à toutes fins, donnant du
travail, du lait, du beurre et de la viande, ou, tout à la fois
aussi, des laines d'une extrême finesse, une grande abon-

dance de chair à l'abat, et tout cela chez des sujets jeunes qu'on ne peut livrer à la consommation et conserver en même temps. Le but de l'élevage est un, et l'espèce n'est entretenue que pour mourir utilement dans le plus court délai possible. Il ne saurait y avoir, il n'y a en réalité, aucune divergence possible dans les vues; il y a parfait accord, au contraire, dans les esprits, et le même calcul d'intérêt préside à la spéculation, laquelle est parfaitement définie de la même manière pour tous. Il ne s'agit plus, en ce moment, que de faire choix, dans chaque localité, d'une race perfectionnée, de l'y introduire en aussi grand nombre que possible, et de la croiser dans la véritable et bonne acception du mot, c'est-à-dire de l'employer jusqu'à complète absorption de la race indigène par la race étrangère. Notre infériorité est telle, et notre population porcine se prête si bien aux améliorations, que presque toutes les races étrangères essayées ont donné des résultats satisfaisants; toutes, plus ou moins, ont poussé à la fois à ce double perfectionnement : plus de précocité et plus de rendement.

Les races étrangères qui ont le plus marqué et qui ont mérité d'être le plus remarquées dans nos concours sont la midlessex qui, lors de sa première apparition, a battu et distancé toutes les autres; puis l'essex, celles de New-Leicester, du Berkshire, du Hampshire, et la coleshill.

§ IV. DE LA DOTATION DES CONCOURS.

Nous avons voulu savoir ce qu'avait coûté l'institution des concours; pour cela, nous n'avions qu'à relever, année par année, le chiffre des subventions qui lui ont été accordées. Certes, l'importance des résultats obtenus dépasse de beaucoup celle du budget qui lui a été alloué. En thèse générale et d'une manière absolue, on pourrait dire : l'organisation est bonne qui rend autant de profit. Oui, mais ce n'est pas un motif pour croire qu'elle n'a plus rien à gagner ; c'est, au contraire, une raison pour se mettre en garde contre un *statu quo* mortel et pour rechercher toutes les améliorations dont elle est encore susceptible.

En 1844, elle débute, à Poissy, avec une allocation de 11,800 francs, portée à 12,700 francs pour les deux années suivantes.

En 1847, le concours de Lyon est créé, et la dépense s'élève à 20,500 francs.

En 1849, un troisième concours est inauguré à Bordeaux. — Dépense totale, 35,800 fr., portée à 41,100 fr. l'année suivante.

En 1851, une cinquième réunion est formée à Nîmes; de nouveaux prix sont insérés aux programmes, et le budget d'ensemble se totalise à la somme de 64,890 fr.

En 1852, on complète l'institution, quant au nombre des concours, en créant celui de Nantes, et la dotation de l'année est fixée à 77,410 fr.

Mais le cadre des anciens prix s'élargit bientôt, et l'espèce porcine, d'abord laissée tout à fait à l'écart, entre plus complétement en partage des encouragements offerts. Les chiffres que nous écrivons plus bas vont rendre compte, jusqu'à un certain point, des progrès mêmes de l'institution; car il est logique de supposer que l'importance des primes ne s'est élevée qu'en raison des résultats déjà obtenus et des promesses plus larges de l'avenir.

Arrêté pour trois années consécutives en 1854, le programme donne un total de 95,315 fr. pour chacune d'elles. A l'expiration de cette période, il est de nouveau revisé et, dans son ensemble, présente un total de 104,595 francs.

Si nous résumons les faits sous une autre forme, nous obtenons les chiffres que voici :

De 1844 à 1857 (treize années de concours), il a été donné en prix sur le marché de Poissy :

à l'espèce bovine. . . .   334,300 fr. ⎞
—   ovine.. . . .   85,700   ⎬ 433,030 fr.
—   porcine. . . .   13,030   ⎠

A partir de 1847 (en 10 années)
sur le marché de Lyon :

à l'espèce bovine. . . .   66,100 fr. ⎞
—   ovine.. . . .   10,800   ⎬   78,900
—   porcine. . . .   2,000   ⎠

Au concours de Bordeaux , à
partir de 1849 (9 années) :

à l'espèce bovine. . . .   56,800 fr. ⎞
—   ovine.   13,050   ⎬   71,800
—   porcine. . . .   1,950   ⎠

A Lille, à partir de 1850 (8 concours) :

à l'espèce bovine. . . .   50,930 fr. ⎞
—   ovine.   11,350   ⎬   63,880
—   porcine. . . .   1,600   ⎠

A Nîmes, à partir de 1851 (7 années) :

à l'espèce bovine. . . .   26,500 fr. ⎞
—   ovine.   10,150   ⎬   39,390
—   porcine. . . .   2,740   ⎠

A Nantes, à dater de 1852 (6 années) :

à l'espèce bovine. . . .   46,950 fr. ⎞
—   ovine.. . . .   7,600   ⎬   58,850
—   porcine. . . .   4,300   ⎠

                    Total général. . . .   745,850 fr.

Une institution qui embrasse toutes les races des trois
principales espèces domestiques d'un pays comme la France
peut-elle coûter moins? On pourrait dire qu'elle n'a pas
coûté assez, qu'elle n'a pas été dotée en raison des services
pressés qu'on devait en attendre , qu'on est forcé de lui demander et qu'il faut se hâter d'en obtenir.

Qnand on se met en face des besoins et de l'impérieuse
nécessité de les voir tous remplis à bref délai, on se demande comment les efforts du goùvernement n'ont pas été

mieux soutenus. Il a ici, en quelque sorte, le monopole des concours ; il n'a été suivi ni par les villes ni par les campagnes. Quelques associations agricoles ont bien fondé quelques primes en faveur des animaux les mieux préparés pour la boucherie ; deux ou trois villes ont quelquefois ajouté deux ou trois prix aux programmes de l'administration, mais les rares exceptions ne font qu'appuyer nos regrets et confirmer ce que nous disons sur l'abstention trop générale des efforts privés. Si les encouragements sont dispensés avec une certaine libéralité dans les six réunions officielles, ils ne pénètrent pas, ils ne rayonnent pas encore dans toutes les contrées, sur les points nombreux où ils rendraient pourtant les services les plus réels et les plus importants.

Ce fait témoigne du peu de dispositions que nous avons en général pour l'agriculture. Ingrats que nous sommes, nous la traitons comme les enfants gâtés traitent d'ordinaire une mère trop tendre ; nous ne la tenons qu'en mince souci et nous l'oublions, quelle que soit sa sollicitude pour nos propres besoins. Pleins d'ardeur pour nos plaisirs, nous ne montrons bien souvent qu'une indifférence coupable pour les choses sérieuses de la vie ; nous ne savons même pas, à l'occasion, mêler l'utile à l'agréable.

Il nous serait bien facile d'apporter des exemples frappants à l'appui de cette assertion ; nous n'en prendrons qu'un sur un terrain tout voisin.

L'État affecte un budget de 300,000 francs à l'institution des courses de chevaux, si grosse d'utilité, quand elle est bien entendue ; mais ce n'est là qu'une partie de sa richesse, car elle est au nombre des millionnaires de l'époque. Les villes, les sociétés hippiques, les conseils généraux, les particuliers, petits ou grands, les intéressés, les amateurs, de simples curieux, tout le monde concourt à la formation de cet important budget. Pourquoi ne ferait-on pas quelque chose de semblable en faveur des concours de bestiaux gras ?

Nous avons des jockeys-clubs un peu partout, et nous n'a-
vons qu'une réunion, qu'un cercle auquel on a donné un
nom, un sobriquet agricole, voulions-nous dire; mais le
club des pommes de terre ressemble à certaine académie
devenue célèbre par un mot de Voltaire : « C'est une petite
fille bien sage qui n'a jamais fait parler d'elle. » Il n'en est
pas de même des jockeys-clubs, que leurs prouesses ont,
parfois, mis en trop grande évidence; l'absolutisme de l'idée
qu'ils exploitent aveugle leur raison, rétrécit leur horizon
et conduit à mal leurs efforts, quand ceux-ci devraient abou-
tir à de si brillants résultats. C'est un mauvais côté, c'est
une faute qu'il eût été bien aisé de prévenir, et qu'on n'aurait pas à craindre de voir se renouveler de la part d'hommes associés non plus pour se livrer à un jeu effréné qui
fait oublier toute utilité, mais pour développer un intérêt
sérieux qui ne comporte en soi aucune mauvaise passion.

Ce n'est pas le gouvernement qui préside à l'institution
des concours d'animaux de boucherie en Angleterre; ce ne
sont même pas les grandes associations agricoles à qui le
pays doit tant, mais tout simplement des *clubs* formés d'éleveurs intéressés à l'approvisionnement des grands centres
de population, en vue desquels on excite à produire des
animaux précoces, ayant un fort rendement en viande, afin
d'arriver à fournir le plus économiquement à la consommation la plus grande masse possible de matière alimentaire.

L'initiative privée n'a, en France, pour les choses de l'a-
griculture, ni force ni élan; il faut que le gouvernement se
mêle de tout, touche à tout et, mieux encore, qu'il fasse
tout. Puis, dès qu'il agit, quand il crée une institution,
lorsqu'il publie des règlements, les critiques pleuvent; on
dissèque ses actes avec une ardeur sans pareille, on incri-
mine jusqu'aux intentions; des réclamations surgissent de
tous côtés, vives, animées, parfois violentes; on récrimine
de toutes parts, parce que tout n'a pas été prévu, deviné; on

accuse l'administration de ne pas satisfaire au même degré tous les intérêts, d'avoir des préférences peu justifiées, d'être partiale pour les divers intéressés. Pourquoi donc ne s'entendent-ils pas, une bonne fois, pour parer à tous ces inconvénients? Rien ne s'oppose à ce qu'ils fondent d'autres prix, à ce qu'ils y attachent des conditions nouvelles, d'un ordre différent, à ce que leurs vues, mises en pratique, rectifient ou complètent les mesures administratives ; celles-ci doivent rester sur les hauteurs et tenir en équilibre les plateaux de la balance dans lesquels doivent être pesés les intérêts généraux. Les associations locales ou régionales ont une autre mission à remplir ; c'est à elles de spécialiser les faits pour répondre à des intérêts plus circonscrits, pour embrasser dans leur ensemble des détails auxquels ne peuvent ni ne doivent descendre les larges programmes du gouvernement.

Quand nous copions l'Angleterre, ne l'imitons pas à demi ; nous lui prenons quelquefois ses idées pour les travestir quant à leur application, et les choses vont si loin alors, qu'on ne les reconnaît plus. L'Angleterre a institué des concours de boucherie avant que nous ne songions à une fondation aussi utile ; mais elle n'a rien demandé à l'État, tandis que, chez nous, il n'y aurait pas encore de concours de bestiaux gras, si l'administration ne les avait créés et dotés. Nous n'avons pas beaucoup plus de richesse que de vouloir pour cette sorte de réunions, mais nous pouvons avoir un peu de celui-ci et un peu de celle-là pour peu que nous ne tournions pas le dos à nos intérêts les plus prochains. Acceptons les secours et les subventions de l'État comme point de départ et comme base solide de l'œuvre ; mais ajoutons-y les ressources de tous, afin d'élargir l'institution et de lui donner, avant peu, des proportions plus en rapport avec l'importance même du but à atteindre.

Après quinze ans bientôt d'efforts soutenus et de bon vouloir manifeste, l'administration publique, se saignant aux quatre veines, est parvenue à élever, sou à sou, la dotation des concours à cent et quelques mille francs.

Est-ce donc assez? C'est à peu près le tiers des sommes qui se disputent dans l'une des riches réunions de courses de New-Market où l'on ne fait mention d'aucune subvention du gouvernement. Pour arriver au même résultat, nous ne voulons pas dire à la même richesse, il faut faire comme on fait chez nos voisins, il faut demander à tout le monde de participer à la dotation des concours, il faut que chacun contribue en proportion de son propre intérêt. On arrivera de la sorte et peu à peu, car le quelqu'un qui a plus de ressource que tels et tels, qu'une ville, qu'un département, que l'État, c'est la masse des intéressés, c'est-à-dire tout le monde. Il ne faut qu'un lien à cette association. On ne réussirait pas à la former en essayant de la rendre universelle; il n'y aurait pas d'échec à redouter en la circonscrivant à une région déterminée, et en attribuant le produit des souscriptions aux seuls animaux de la région.

De quelque manière donc qu'on envisage le sujet, on revient toujours au même fait, à la nécessité d'établir des concours régionaux et de ne pas s'en tenir aux réunions actuelles, toutes plus ou moins excentriques par rapport aux contrées où se pratique en grand et avec succès l'engraissement du bétail.

On s'en est tenu, jusqu'ici, aux seuls prix offerts par le programme; on ne pouvait faire différemment. L'organisation des poules est complétement impraticable avec des concours éloignés qui appellent des concurrents qui s'ignorent et des races rivales. La question changerait de face si l'on ne mettait en présence, sur place, que des hommes ayant mêmes habitudes et travaillant sur les mêmes races dans des conditions partout les mêmes. Non-seulement alors les poules pourraient être introduites dans les programmes, mais aussi le principe des entrées, dont le montant, ajouté au prix, en élèverait la valeur de manière à accroître l'intérêt à lès gagner. Passé un certain nombre de concurrents, la somme pourrait se diviser et former une indemnité quelconque au profit de ceux qui auraient approché le plus du vainqueur. Mille combinaisons se présentent à l'esprit qui exciteraient le zèle des propriétaires, des nourrisseurs, qui assureraient le succès des exhibitions, qui en décupleraient les résultats utiles.

Nous laissons beaucoup à dire sur ce sujet ; pour le moment, il nous suffit de l'avoir soulevé.

§ V. DES LAURÉATS DES CONCOURS ET DE LA NATURE DE LEURS TRAVAUX.

Ce sera justice que de s'occuper des lauréats des concours pour les faire mieux connaître et pour dire une partie de leurs travaux. Le nombre en est encore restreint, mais la multiplication deviendrait active sous l'influence d'une organisation qui s'adresserait à tous au lieu de n'*appeler que des élus*.

Les premiers, parmi ceux qui ont le plus marqué, ont bien mérité de l'agriculture et du pays. En écrivant ces deux mots, nous sommes tout surpris qu'ils ne soient pas synonymes, qu'ils n'aient pas la même signification, que chacun d'eux n'ait pas, à l'occasion, une seule et même acception.

Dans la galerie des hommes utiles, on a toujours classé en bon rang ceux qui ont rendu de grands services à l'agriculture. Olivier de Serres, dans notre pays, ouvre la marche. Sully est bien plus connu du peuple par cette seule phrase : « Pâturage et labourage sont les deux mamelles de la France, » que par sa vie entière si remplie pourtant. La mémoire demeure fidèle à Parmentier, l'introducteur de la pomme de terre ; aux jésuites qui nous ont apporté le dindon, auquel reste encore attaché le sobriquet de *père de la foi*. Bourgelat, l'illustre fondateur des écoles vétérinaires,

ne cessera pas de vivre dans la postérité la plus reculée.
Mathieu de Dombasle, chef de l'agriculture moderne, promoteur du mouvement agricole de notre époque, n'est pas
mort tout entier; il est bien plus connu des cultivateurs aujourd'hui qu'il ne l'a été de son vivant, son nom ne périra
pas. Backwell, un simple fermier, mais un homme de génie,
qui a pétri la matière vivante et trouvé le secret de l'assou-
plir à son gré et de lui imposer des formes diverses et parfaites, de la doter des aptitudes les plus rapprochées de nos
besoins, Backwell est aussi grand qu'aucune célébrité quelconque. D'autres noms viendraient s'ajouter à ceux-ci, car ce
genre d'érudition est désormais facile, mais à quoi bon? Ils
sont dans la pensée de tous, leur mémoire est entourée du
respect et de la considération que commandent des travaux
utiles à l'humanité.

La génération actuelle s'est trouvée tout à coup en présence d'exigences très-développées et très-pressées. En certains cas, une pareille situation crée de tels embarras, que
la société entière est menacée. C'est alors que, se souvenant
des efforts et des découvertes de quelques-uns, un plus
grand nombre s'est mis à l'œuvre et que d'importants résultats ont été obtenus. L'institution des concours d'animaux
de boucherie, venue si à propos d'ailleurs, a été l'une des
causes les plus efficientes des progrès obtenus dans la culture mieux entendue, plus intelligente du bétail. Ceux qui,
les premiers, ont répondu à l'appel de l'administration, appel fait au nom du pays, ont acquis des droits incontesta-
bles à l'estime et à la reconnaissance publiques. Ils ont ouvert de nouvelles voies; leurs succès dans les concours ont
généralisé des pratiques qui, sans la publicité donnée, fussent restées plus longtemps incomprises ou ignorées. Ils ont
rendu possible la création de cette nouvelle légion composée
d'hommes d'élite que M. Minangoin a heureusement appelée la *légion d'honneur du mérite agricole*, qu'ils en restent donc les dignes patrons. Il est trop juste que leurs

noms soient inscrits en tête et que leurs travaux, bien appréciés par tous, soient pour tous une lumière, le fil conducteur des progrès que chacun poursuit et doit s'efforcer de réaliser.

Procédons par chefs-lieux de concours en réservant Poissy qui, à titre de concours général, ne doit venir qu'après les autres réunions.

a. — Le plus ancien parmi les concours régionaux est celui de Lyon. Il présente à l'observation les chiffres condensés dans le tableau suivant :

Départements	Espèce bovine.	Espèce ovine.	Espèce porcine.	Total.
De la Loire (nomb. de prix).	73	5	4	82
Saône-et-Loire. . .	33	25	9	67
Ain.	9	»	1	10
Allier.	7	»	»	7
Haute-Loire. . . .	5	»	»	5
Nièvre.	2	1	»	3
Isère.	2	3	1	6
Loiret.	1	»	»	1
Rhône.	»	3	13	16
Gard.	»	2	»	2
Cher.	»	1	»	1
Côte-d'Or. . . .	»	1	»	1
Totaux. . .	132	41	28	201

Deux départements sur douze prennent la très-grosse part des prix qui ont été distribués à Lyon. A en juger par les résultats de ce tableau, le département du Rhône fait peu d'efforts pour l'approvisionnement de sa métropole. La Loire et Saône-et-Loire, au contraire, se montrent les plus avancés de la région.

Quarante-deux lauréats se sont partagé les récompenses offertes pour l'espèce bovine, vingt-deux celles que les programmes ont attribuées à l'espèce ovine et vingt-quatre les prix réservés à l'autre espèce : c'est quatre-vingt-huit parties prenantes pour deux cent un prix.

Si nous complétons ce renseignement par le suivant, à savoir : vingt-cinq races pures et métisses ont été primées dans l'espèce bovine, quinze dans celle du mouton et onze dans celle du porc, nous arrivons à cette conclusion forcée, que les contrées dont Lyon est ainsi devenu le chef-lieu donnent, en fait d'économie de bétail, plus à la routine et au hasard, plus à la diffusion des races, si nous pouvons nous exprimer ainsi, qu'à leur choix raisonné, qu'à la science étudiée, qu'aux judicieuses pratiques. Nous serions injuste, néanmoins, si nous ne faisions pas ressortir l'importance que les animaux du Charolais ont prise dans les concours, c'est-à-dire dans l'approvisionnement de la grande ville. Pour l'espèce bovine, les couronnes sont nombreuses : on en compte soixante-cinq remportées par la race charolaise pure et les produits de son croisement avec la race durham introduite dans la contrée depuis 1825. Après la race charolaise, il faut faire état de la bourbonnaise, qui a obtenu vingt-sept prix; les quarante-neuf autres se répartissent entre dix-neuf autres variétés dont les noms ne rappellent rien de bien intéressant.

Dans l'espèce ovine, le mouton charolais tient le premier rang avec treize prix; mais il est suivi de près par la race bourbonnaise qui en prend douze. Le reste, soit seize , se partage entre douze variétés plus ou moins insignifiantes.

. Dans l'espèce porcine, la race charolaise encore marche de pair, pour le nombre des prix, avec la race de Siam : elles atteignent l'une et l'autre le chiffre six. Seize prix vont s'éparpiller au hasard sur les produits plus ou moins hétérogènes et mêlés de neuf variétés sans nom. Le département du Rhône donne plus d'attention à l'élève et à l'engraissement du porc qu'à l'éducation bien dirigée des deux autres espèces. Il remporte presque la moitié des prix attribués à cette sorte de bétail sur le marché d'approvisionnement de son chef-lieu. Mais il y a là un fait plus commercial qu'agricole. La charcuterie de Lyon a une très-grande importance : ceux qui l'exploitent ont tout intérêt à rechercher parmi les animaux de l'espèce porcine les produits les plus voisins de la perfection. Le choix est facile dans le grand nombre de ceux qui leur passent par les mains; ils les engagent dans la lutte sans qu'il leur en coûte beaucoup de soins, et la victoire est aisée. Rien n'est plus licite assurément, mais ceci ne met pas sur la grande route de la culture intelligente des meilleures races. Le charcutier, que les concours mettent en évidence, peut y gagner une clientèle plus étendue sans que le perfectionnement des races porcines ait rien à y voir. Le bon effet des primes qui restent aux mains des producteurs et des éducateurs est bien direct et plus réel.

Sur les quarante-deux lauréats qui ont enlevé les prix affectés à l'engraissement du bœuf, plusieurs méritent une mention spéciale. Au premier rang et tout à fait hors ligne, il faut inscrire le nom de M. Crétin, propriétaire à Mably (Loire) : il compte pour vingt-neuf prix, quinze premiers et quatorze seconds. M. Mably a maintenant mieux à faire; il faut qu'il devienne le promoteur du progrès dans tout le rayon qui l'enveloppe. Comme lauréat, il n'a plus rien à désirer; il faut, à l'avenir, qu'il vise et qu'il arrive plus haut. Ses émules les plus rapprochés sont à grande distance. Au nombre de deux, ils ont remporté chacun douze victoires et, comme M. Crétin, appartiennent au département de la Loire. C'est M. Serre, à Montbrison, et M. Thévenon, à Pralong. M. de Rochefort, à Semur en Brionnais (Saône-et-Loire), vient ensuite avec neuf prix; puis MM. Adenot, Burzy et Rivet, à Pouilly-sous-Charlieu, du même département, avec cinq prix : le nombre quatre échoit à M. le comte Anglès, à Mably (Loire), à M. Benigne (Ain), et à M. de Finance, à Trézel, dans l'Allier. Enfin trois prix ont été remportés par M. Chaumet, à Pouilly-sous-Charlieu (Loire), et par MM. Buchez, à Saint-Martin-du-Lac, et Magnien, à Saint-Bonnet-de-Cray, l'un et l'autre de Saône-et-Loire. Tout cela donne quatre-vingt-treize prix remportés par douze personnes; les trente-neuf autres se partagent entre trente parties prenantes.

Les concours pour l'espèce ovine ne signalent personne d'une manière bien notable, et nous aurons mentionné les lauréats les plus marquants lorsque nous aurons inscrit les noms de MM. Duréault, à Burzy, pour six prix ; de M. Buchez, à Saint-Martin-du-Lac, c'est-à-dire M. Adenot, à Burzy, pour trois, tous dans Saône-et-Loire; et enfin de M. Thévenon, à Pralong, dans la Loire, pour trois prix également. Ces quatre noms figurent déjà dans la liste des lauréats de l'espèce bovine, et ce fait les signale bien plus que les victoires obtenues dans l'espèce ovine, si on les considérait isolément. Vingt-quatre autres prix ont été remportés par dix-huit concurrents divers.

Les vingt-huit prix accordés pour l'espèce porcine se partagent entre vingt-quatre lauréats et ne donnent ainsi aucun éleveur à signaler d'une manière spéciale.

b. — Voyons maintenant à Bordeaux ce que nous apprendront les mêmes faits et quelles réflexions ces faits pourront nous suggérer.

Onze départements s'y sont partagé d'une manière fort inégale les deux cent six prix accordés aux trois espèces. Le tableau suivant, qui les réunit dans un même cadre, permet de saisir d'un seul coup d'œil l'importance des succès remportés par chacun.

	Espèce bovine.	Espèce ovine.	Espèce porcine.	Total.
Gironde (nombre de prix).	43	33	8	84
Lot-et-Garonne.	43	12	»	55
Dordogne.	8	7	15	30
Charente-Inférieure. . .	10	3	6	19
Landes.	9	»	»	9
Charente.	2	1	»	3
Haute-Vienne.	2	»	»	2
Gers.	»	2	»	2
Tarn-et-Garonne. . . .	»	»	2	2
Basses-Pyrénées. . . .	1	»	»	1
Indre-et-Loire.	»	»	1	1
Totaux. . . .	118	58	32	208

Ce qui frappe tout d'abord à l'inspection de ces chiffres, c'est le nombre élevé des prix remportés par le département de la Gironde, dont le chef-lieu est le siége du concours. Comme centre de population considérable, Bordeaux est approvisionné tout à la fois par des propriétaires qui font naître, qui élèvent et engraissent leur bétail, et par des spéculateurs qui se bornent à engraisser, ou par de simples intermédiaires entre le producteur et le consommateur. On trouve beaucoup de ces derniers parmi les lauréats du département de la Gironde. Ces deux faces de la même industrie présentent beaucoup d'analogie avec celle de l'entraînement des chevaux de course. Les propriétaires qui font naître et entraîner sous leurs yeux les chevaux qu'ils destinent à l'hippodrome en prennent un soin égal et s'efforcent de les rendre tout aussi capables, aussi puissants que possible ; on ménage les moins avancés, on leur donne le temps de se fortifier et de se parfaire ; on amène souvent les médiocres à un niveau d'aptitude très-satisfaisant, et des bons on fait des excellents, des illustrations de bon aloi. Les entraîneurs de profession procèdent autrement ; ils achètent autant qu'ils peuvent, ou bien ils acceptent tout ce que la clientèle dépose dans leurs écuries, puis ils soumettent toutes les individualités au même régime, au même labeur, aux mêmes excès, faut-il dire pour être exact, et bientôt les médiocres disparaissent, complétement perdus et sans valeur aucune : presque tous les bons se ruinent prématurément, et la plupart restent fruits secs ; quelques-uns seulement résistent et deviennent une mine d'or, non parce qu'on a su découvrir leur supériorité absolue, mais parce que la nature les avait bâtis à chaux et à sable et qu'aucune fatigue n'a pu ébranler leur constitution. Ceux-ci couvrent les frais de la spéculation et laissent, d'ordinaire, de beaux bénéfices ; on les pousse à outrance ; ils sont toujours sur la brèche, et l'on est trop heureux quand — d'encore en encore — on ne les voit pas déshonorés à la suite de dernières luttes impossibles. Sur eux pourtant repose l'avenir de toute la race; de cette dernière on tire avantage, alors même qu'ils reviennent à la reproduction dans une condition très-voisine de l'épuisement.

Il n'est pas difficile de dire lesquels servent mieux les intérêts de l'amélioration en général, — de ceux qui lui conservent le plus grand nombre possible de sujets d'élite parfaitement réussis, — et de ceux qui lui enlèvent par des travaux excessifs beaucoup d'individualités qu'un traitement plus rationnel aurait infailliblement conduites au but.

Les engraisseurs de profession qui se préparent aux concours agissent absolument comme les entraîneurs de profession, qui cherchent dans un grand nombre d'élèves un ou deux vainqueurs. Ils achètent partout, un peu au hasard, et soumettent tous les animaux au même régime. Ceux qui résistent à ses bons effets vont de bonne heure à l'abattoir, et on n'en parle plus; ceux qui utilisent le mieux la nourriture qu'on leur donne sont conservés et poussés à outrance; ils viendront disputer et remporter les prix. Les propriétaires qui font naître, au contraire, et qui engraissent eux-mêmes leurs produits s'efforcent de les développer tous à un degré satisfaisant de manière à les amener tous à un niveau élevé: ils ont moins de chance de rencontrer ces animaux exceptionnels qui remportent les prix d'emblée, mais ils produisent plus et meilleur en raie. Quels sont les plus utiles de ceux-ci ou de ceux-là? Bien facile à résoudre est la question. Aussi le gouvernement a-t-il toujours cherché à récompenser surtout le propriétaire. Il n'a jamais repoussé le spéculateur de profession, mais il a toujours favorisé l'éleveur. Cependant il ne faut pas se le dissimuler, concentrés sur les grands marchés d'approvisionnement, les concours sont bien plus à la portée des engraisseurs de profession qu'à la portée des propriétaires engraisseurs. Cette assertion sort des faits. En étudiant les listes des concurrents d'une part et des lauréats d'autre part, on voit que les prix

accordés sont beaucoup plus nombreux aux mains des spéculateurs qu'aux mains des propriétaires, bien que ceux-ci engagent néanmoins dans la lutte un nombre d'animaux beaucoup plus considérable ; mais nous avons déjà dit ces choses
et donné le moyen d'éviter l'inconvénient. A un autre point
de vue c'est encore le même fait qui ressort. Les départements de la Gironde et de Lot-et-Garonne figurent au concours de Bordeaux pour un nombre égal de prix accordés
aux animaux de l'espèce bovine. Pour la plupart, ces prix
ont été remportés par des produits des races garonnaise et
agenaise, qu'on distingue à tort, puisqu'elles ne sont vraiment qu'une seule et même race. Ce fait suffit à donner la
preuve de notre assertion. Les bœufs garonnais et agenais
ne vivent qu'accidentellement dans la Gironde ; leur berceau
est dans le Lot-et-Garonne, leur principal centre de production est entre Agen et Marmande, d'où on les extrait
pour les nourrir et pour en bénéficier. Allant plus loin dans
les détails, nous trouvons que vingt-sept prix ont été gagnés
par sept propriétaires de la commune de Meilhan (Lot-et-Garonne). L'engraissement du bétail est donc, chez ceux qui
le font naître, une habitude prise dans cette contrée ; il y
est même arrivé à un certain degré de perfectionnement,
puisque, malgré la distance, les succès sont nombreux et
marquants.

Voici la liste des vingt principaux lauréats dans les concours de Bordeaux :

MM. Chambaudet aîné, à Meilhan (Lot-et-Garonne). 9 prix.
    Médic jeune, à Tonneins,   id.   8
    Perpezat, à Meilhan,   id.   7
    Bouchon, aux Lèves   (Gironde).   7
    de Séguineau, à Lognac,   id.   6
    Castaing, à Castillon-s.-Garonne, id.   5
    de la Barre, à Longueville (Lot-et-Garonne)   4
    Jarousse, à Meilhan,   id.   4
    Méneguerre, à Meilhan,   id.   3
    Noguey, à Hure   (Gironde).   3
    Julien Sauvon, à Hure,   id.   3
    Duzon, à Castets,   id.   3
    Pauly, à Meilhan (Lot-et-Gàronne).   2
    Montaut, à Puybarban   (Landes). 2
    Duboscq (Maximilien), à Saubrigues, id.   2
    de Segonzac, à Segonzac (Dordogne).   2
    Artigalas, à Couture (Lot-et-Garonne).   2
    Ellie, à St.-Hilaire-des-Bois (Charente-Infér.). 2
    Jouhanneau, à Saint-Avit-du-Moiron (Gironde). 2

Trente-sept autres viennent ensuite pour un prix chacun.
Nous serions entraîné trop loin si nous voulions imprimer
les listes entières. Après les races garonnaise et agenaise
dont le sang a été primé sur soixante bêtes, à Bordeaux, les
variétés qui ont obtenu le plus de succès sont désignées sous
les noms suivants :

Race bazadaise,	13 prix.
— limousine,	10
— périgourdine,	6
— saintongeoise,	6
— durham et dérivés,	12
6 autres variétés.	11

Six départements ont remporté des prix pour les bêtes
ovines, mais trois seulement méritent une mention spéciale.
La Gironde est en tête, et loin de celui qui vient au second
rang, loin du Lot-et-Garonne, et bien plus loin encore de
la Dordogne.

La race poitevine est là dans son centre ; elle remporte

quatorze prix : la race landaise est aussi chez elle et compte
neuf victoires. Après cela, nous n'avons plus à mentionner
que les races agenaise et gasconne, qui se présentent, la
première avec neuf prix également, et la seconde avec huit.
Cela fait quarante prix sur cinquante-huit. Les dix-huit autres se répartissent sur huit variétés différentes.

Les cinq principaux lauréats, pour cette espèce, sont :

MM. Tafard, à Landiras (Gironde).	6 prix.
Perronnat, à Cubzac, id.	6
Boudet, à Castelmoron (Lot-et-Garonne).	5
Chadefond fils, à Coutras (Gironde).	4
André-Jean, à Saint-Selves, id.	3

Les trente-quatre autres prix se partagent entre vingt-
huit parties prenantes.

Les concours de l'espèce porcine ont plus particulièrement favorisé les éleveurs de la Dordogne, de la Gironde et
de la Charente-Inférieure. Le premier de ces départements
enlève quinze prix sur trente-deux, le second huit, et le
troisième six seulement.

Le nombre des lauréats est de vingt-quatre. La race périgourdine a eu le haut du pavé avec sept prix. Mais son
règne n'aura pas été de longue durée. Voici venir les races
anglaises, dont l'adoption, bientôt générale, fera promptement abandonner ou fera modifier profondément les anciennes races françaises, toutes d'une infériorité notoire.

M. le maire de Dampierre, au château de Plassac (Charente-Inférieure), et M. Émile Pavy, à la ferme de Girardet
(Indre-et-Loire), ont donné sous ce rapport un exemple qui
sera bientôt suivi.

c. — Le rayon d'approvisionnement de Lille serait bien
peu étendu si l'on s'en rapportait au tableau suivant; mais
il remet en mémoire que, proportionnellement à la super-
ficie, le département du Nord est la partie de la France la
plus peuplée, sinon la plus riche, en gros bétail. Quoi qu'il en

soit, voici les nombres fournis par les chiffres recueillis dans les huit premiers concours.

DÉPARTEMENTS	ESPÈCE BOVINE.	ESPÈCE OVINE.	ESPÈCE PORCINE.	TOTAL.
du Nord (nombre de prix).	141	16	30	187
Pas-de-Calais. . . .	21	29	1	51
Oise.	4	»	»	4
Somme.	1	»	»	1
TOTAUX. . .	167	45	31	243

Nous n'avons pas compris, dans ce tableau, les récompenses accordées aux veaux. Les bœufs et les vaches réunis donnent le chiffre des animaux de la grosse espèce. Comme aux concours de Lyon, une race tient le premier rang dans chaque espèce, et ces trois races vivent dans le même lieu. C'est la race flamande. Nos données ne sont pas complètes, car pour la réunion de 1857, dont nous n'avons pas sous les yeux la publication officielle, nous n'avons pu relever les indications spéciales aux variétés primées. Cependant rien ne donne à supposer que le concours de cette année se soit écarté des précédents sous ce rapport, et d'ailleurs les chiffres sont tellement pleins pour les années antérieures, qu'un changement, même considérable pour 1857, n'ôterait leur prééminence ni à la race bovine flamande, ni aux moutons, ni aux porcs de la même contrée. Les autres races encouragées dans leur reproduction sont assez nombreuses ; nous en comptons douze dans l'espèce du bœuf, dix dans celle du mouton, et un nombre indéterminé dans celle du cochon.

Nous pourrons apprécier plus loin les qualités et les aptitudes des races flamandes.

Le nombre des lauréats est très-considérable. Cela doit être quand ils viennent tous du même point, d'une contrée où le même bétail vit partout, chez tous, du même régime. Les récompenses alors vont à tous ; le producteur et l'engraisseur ne sont presque pour rien dans l'apparition des supériorités. Ces dernières sont tout individuelles, et le jury rend successivement justice aux plus méritants. C'est un peu le hasard qui les fait. Chaque année en voit surgir de nouveaux parce qu'aucuns soins spéciaux ne fixent l'attention de personne. Dès qu'on procède à un classement, il y a toujours un premier et un dernier. Les choses se passent ainsi à Lille. Les propriétaires choisissent dans leurs étables ou dans leurs troupeaux les animaux que le régime ordinaire a suffi à montrer meilleurs au point de la consommation, et ils les engagent dans la lutte. Le jury opère de même et prime les meilleurs parmi les bons, mais nulle part on ne voit un système, des vues d'améliorations positives, un acheminement vers de plus grandes aptitudes. Malgré cela, pourtant, sous l'influence des encouragements annuels, il est impossible que le niveau général ne s'élève pas.

Mais, si vraie que soit au fond l'observation qui précède, elle souffre quelques exceptions.

Ainsi, M. Masquelier-Facon, à Saint-André-lez-Lille (Nord), est coutumier de nombreux succès; chaque année ajoute aux victoires précédentes, et cette continuité n'est certainement pas le seul effet du hasard ou de la fortune. Sont surtout heureux dans les concours ceux-là qui s'y préparent avec intelligence. M. Masquelier-Facon a été dix-neuf fois lauréat, à Lille, pour ses produits de l'espèce bovine et même, si nous ne faisons pas erreur, il a obtenu, en dehors des prix remportés, une médaille d'or de grand module.

L'émule qui le suit le plus près compte douze prix; c'est M. Vanodendycke, propriétaire à Coudekerque, même département.

Viennent maintenant :

MM. Émile Baussart et Armand Carpentier, à Gire (Pas-de-Calais), pour sept prix chacun;

Durivaux, à Sainghin, et Mœnaeclaeye, à Quaëdypre (Nord), pour six prix chacun ;

Gouvion-Deroy à Denain, Masquelier, à Sainghin et

Vandaële à Warhem (Nord), pour cinq prix chacun ;

Hans-Morel, à Dunkerque (Nord), et Bazin, l'honorable directeur de la ferme-école du Ménil-Saint-Firmin (Oise), pour quatre prix chacun.

Et enfin les neuf propriétaires suivants, tous du département du Nord, qui se présentent *ex œquo* avec trois prix chacun :

Daudruy, à Dunkerque ; — Dousselaëre, à Socx ; — Cousin, à Lambersart ; — d'Haussy et Leduc, à Artres ; — Vandelbilcke et Maeckelberge, à Killem ; — Deros, à Merville, et Vaillant-Laby, à Saint-Amand-les-Eaux.

Ceci donne cent sept prix remportés par vingt personnes. Les soixante autres se partagent entre cinquante-cinq lauréats. Ceci dit à l'appui de la réflexion que nous avons faite il n'y a qu'un instant.

Les quarante-cinq prix accordés pour des lots de bêtes ovines ne donnent que deux éleveurs marquants, et tous deux appartiennent au Pas-de-Calais. C'est M. L. Pilat, à Brébières, qui en remporte dix-sept, et M. Crespel-Pinta, à Arras, qui en obtient six. Nous retrouverons à Poissy ces deux éleveurs distingués entre tous. Les vingt-deux autres prix s'égarent, dirions-nous volontiers, sur dix-sept noms différents qui, tous, nous semblent avoir été suffisamment rémunérés par les récompenses accordées.

L'éducation du porc est bien plus pauvre. Elle ne signale aucun producteur hors ligne. Tous les sujets primés, moins un, ont été engraissés dans le département du Nord, et les trente et un prix donnés ont été répartis entre vingt-trois lauréats. Deux, cependant, ont remporté chacun quatre prix : M. Dewinter, à Bailleul, et M. Houyet, à Marcq-en-Barœul.

d. — Comparé au concours de Lille, celui de Nîmes présente des différences bien grandes. Ce sont des extrêmes et, par opposition à la règle, ici les extrêmes ne se touchent pas. Autant le rayon d'approvisionnement de Lille est riche en bétail de toutes sortes, autant est pauvre la région qui envoie ses bestiaux gras sur le marché de Nîmes. L'existence de ce concours n'a sûrement pas excité une notable influence sur le progrès, mais plus la contrée montre d'infériorité et plus elle doit éveiller de sollicitude. C'est là surtout où la production fait défaut que les encouragements sont aptes à la solliciter, et qu'une habile impulsion donnée à l'agriculture est chose utile, impérieusement réclamée.

Ces idées-là n'ont pas toujours été en vogue, et leur application n'a été que rare et tardive. On ne doit certes pas négliger les provinces avancées, mais les faibles surtout ont besoin de protection. A ce point de vue, Nîmes a été admirablement choisie comme chef-lieu de concours. Le temps a sans doute manqué pour que d'appréciables effets se soient déjà produits. Il suffit qu'il soit en progrès satisfaisant sur le passé (et cela est incontestable) pour qu'on se félicite de l'avoir institué. La petite statistique établie au tableau suivant aura l'utilité spéciale de montrer plus tard les heureux résultats que l'institution a déjà semés dans le pays. On ne mesure les distances parcourues qu'en tenant compte du point de départ. La région n'est pas arrivée, il s'en faut, mais elle est en marche. Si lentement qu'elle avance, on s'aperçoit bien qu'elle progresse. Il n'y a rien de plus à lui demander en ce moment qu'à se bien connaître elle-même et à profiter, autant qu'il est en elle, des avantages qui lui sont propres.

Les lauréats du concours de Nîmes appartiennent à neuf départements; mais plusieurs en comptent si peu, qu'il faut bien plutôt voir une tendance vers des améliorations futures qu'une situation arrêtée.

Au surplus, voici les chiffres :

	ESPÈCE BOVINE.	ESPÈCE OVINE.	ESPÈCE PORCINE.	TOTAL.
Gard (nombre de prix). .	15	33	19	67
Cantal.	13	»	»	13
Loire.	8	»	»	8
Aveyron.	6	»	»	6
Ardèche.	5	»	»	5
Hérault.	»	3	»	3
Lot.	1	»	»	1
Lozère.	1	»	»	1
Vaucluse.	»	»	1	1
TOTAUX. . .	49	36	20	105

Le département du Gard a donc pris les devants pour les trois espèces.

En ce qui regarde le gros bétail, il y a là un fait plus commercial qu'agricole ; mais ce résultat est tout à l'avantage de l'approvisionnement de la ville, et il y a lieu déjà d'y applaudir. Le courant qui s'établit de la sorte entre un centre de consommation et des contrées d'élevage est un bienfait. Le premier de tous les stimulants pour les pays de production, c'est la certitude des débouchés. Le Gard, l'Aveyron et l'Hérault nourrissent un nombre considérable de bêtes ovines, d'où vient donc que, seul, le premier de ces départements compte des lauréats sur le marché de Nîmes ? C'est lui laisser trop libre le champ du concours ; il y aurait avantage à ce que la lutte prît plus d'extension, à ce que les concurrents devinssent plus nombreux ou plus pressés.

On abat une quantité énorme d'agneaux dans le Gard. Cette circonstance avait fait établir quelques prix spéciaux pour les agneaux de lait et pour les agneaux de champ ; mais cet essai n'ayant donné que de faibles espérances, on a supprimé la spécialité du concours.

La ville avait pris l'initiative d'une petite réunion de vaches qui n'a pas eu plus de succès, et nous n'en avons tenu aucun compte dans nos relevés.

Le département de l'Ardèche engraisse beaucoup de

porcs ; il est étrange qu'il n'entre pas en rivalité avec celui du Gard qui a remporté dix-neuf prix sur vingt.

Il y aurait, peut-être, quelque chose à essayer pour attirer à Nîmes un plus grand nombre de compétiteurs étrangers au département du Gard.

La race d'Aubrac, dont le principal centre de production est le canton de Laguiole, dans l'Aveyron, fournit à ce chef-lieu de concours les bœufs d'élite les plus nombreux. Cette race prend vingt-deux prix sur quarante-neuf. Vient ensuite, parmi les races pures françaises, la race limousine, avec cinq prix seulement. La race de Durham, mêlée à six autres, donne, sur ce point, dix prix, et la charolaise, pure ou croisée, fait état de dix prix également. Tout cela, en dehors de la race d'Aubrac qui, seule, paraît en force, est à l'état de tâtonnement. En étudiant les faits avec quelque attention, il sera facile aux éleveurs de sortir de cette période d'essais.

Quinze races différentes sont entrées en partage des trente-six prix offerts à l'espèce ovine, et pourtant trente-trois ont été enlevés par des propriétaires ou des engraisseurs du département du Gard. Il est évident qu'il y a, parmi ces derniers, beaucoup d'intermédiaires. La race de Larzac et celle de Laguiole ont obtenu les succès les plus nombreux ; la première compte dix et l'autre huit prix ; c'est la moitié de ce qui en a été distribué.

Quant aux animaux de l'espèce porcine primés, ils sont tous de races étrangères, moins deux, qui ne sont que des métis. Les races anglo-chinoise et du Hampshire prennent, chacune, sept prix ; six ont été remportés par quatre autres races.

Les lauréats sont nombreux ; on en compte vingt et un pour l'espèce bovine, quinze pour l'espèce ovine et onze pour celle de porc.

Quelques-uns marquent par le nombre de prix obtenus.

Au premier rang figurent, pour le gros bétail et chacun pour six prix, M. Fréd. Sabatier d'Espeyran, à Espeyran

(Gard), qui cherche à élargir, dans le pays, la voie encore
raboteuse du progrès ; ses succès s'étendent également aux
deux espèces et notamment à celle du cochon ; M. Nicolas
Guillaume, à Saint-Urcize (Cantal), et M. Crétin, à Mably
(Loire), que nous avons vu si souvent vainqueur sur le marché de Lyon. Le département de l'Aveyron a aussi son lauréat émérite, M. Durand Joseph, à Gros, qui a remporté
cinq prix ; puis MM. Cyprien Dubois, à Alais (Gard) ; Nicolas, à Ventajon ; Durand Girbal, à Saint-Urcize (Cantal) ;
et enfin M. Faure, à Sainte-Eulalie (Ardèche), lesquels se
présentent avec trois prix chacun. Les quatorze autres prix
se répartissent entre treize parties prenantes.

Dans l'espèce ovine, nous nommerons M. François Peyre,
à Saint-Côme (Gard), onze fois vainqueur ; M. Sagnier,
propriétaire, qui a remporté cinq prix ; M. Eugène Peyre,
à Saint-Côme et M. Dubois, à Alais, chacun pour trois. Les
quatorze autres prix sont partagés entre onze lauréats.

Dans l'espèce porcine, à côté de M. Fréd. Sabatier d'Espeyran, dont nous venons de parler, se placent M. Gautier,
à la Reranglade, et M. Rouverol, à Vauvert, l'un et l'autre
du Gard, et qui, ensemble, ont emporté dix prix, soit la
moitié des récompenses décernées. Les dix autres ont été
remis à sept personnes différentes.

e. — Nantes n'est pas seulement un centre de consommation. La population animale des départements limitro-
phes est très-considérable, et la production, d'ailleurs très-
avancée sur quelques points, est d'une activité fort grande.
Les races y sont assez tranchées, douées d'aptitudes relativement remarquables, et le niveau des connaissances, dans les
masses, plus élevé qu'en beaucoup d'autres contrées. Un
concours d'animaux de boucherie ne pouvait avoir que du
succès à Nantes ; il y a déjà donné d'excellents résultats.

Huit départements lui ont fourni des lauréats dans la
proportion des chiffres insérés au tableau suivant :

	ESPÈCE BOVINE.	ESPÈCE OVINE.	ESPÈCE PORCINE.	TOTAL.
Maine-et-Loire (n. de prix).	48	8	2	58
Mayenne.	23	4	13	40
Loire-Inférieure. . . .	15	12	18	45
Vendée.	6	»	»	6
Finistère.	3	»	»	3
Loir-et-Cher.	»	4	»	4
Cher..	»	3	»	3
Indre-et-Loire.	»	»	1	1
Totaux. . .	95	31	34	160

Seize races ou variétés de l'espèce bovine sont nommées comme ayant été primées au concours de Nantes. Il en résulte une certaine confusion dans l'étude. En rapportant ces races à celles qui existent réellement, en rattachant au tronc des branches qui ne doivent pas en être séparées, le nombre des races est moins considérable, et l'appréciation de chacune, à la fois plus exacte et plus aisée. Ainsi la race choletaise n'est autre que la race de Parthenay, et celles qui prennent le nom de maraîchine et de nantaise ne sont que des variétés de la parthenayse.

La race durham, appréciée et répandue dans une partie de la région, y compte de nombreux représentants, et ceux-ci figurent avec avantage dans les concours de Nantes; en les réunissant tous sous cette appellation générique, race pure durham et demi-sang durham, nous trouvons cinquante et un prix gagnés sur quatre-vingt-quinze. La parthenayse, la choletaise et la nantaise comptent ensemble pour vingt et un prix; la bretonne, pour dix; la race auvergnate et celle de Salers, pour neuf; la race mancelle pour quatre. C'est la première fois qu'il nous a été possible de réunir toutes les dénominations inscrites en un petit nombre de groupes offrant une signification plus ou moins précise. On se sent bien au milieu d'une région où la production et l'engraissement arrivent à la hauteur d'une industrie et prennent une importance considérable.

Ce qui doit frapper ici, c'est le succès qu'obtient le croisement de la race mancelle par des reproducteurs de Durham. Par elle-même, la race mancelle se recommande déjà ; mais quel plus grand prix elle acquiert dès qu'on la marie aux courtes-cornes, c'est-à-dire à la race de Durham. A l'état de pureté, elle emporte quatre prix ; à l'état de mélange, elle en obtient trente-trois. Ce rapprochement n'échappera à personne ; il a une grande signification. C'est un grand fait zootechnique qui ne pouvait pas être passé sous silence. Il doit fixer l'attention des éleveurs qui songent sérieusement à remanier les races dans le sens de la précocité et de la production abondante de la viande. Il n'y a pas si longtemps que la contrée où vivent et prospèrent le mieux les produits de la race mancelle était exclusivement cultivée par le bœuf. Si, à cette époque, on s'était avisé de prédire une révolution aussi générale en un nombre d'années aussi peu considérable, nul n'y aurait cru. Partout où cette réforme s'introduit, le cheval reste chargé de tous les travaux ; et le bœuf se modifie tant et si bien, qu'il doit, à la longue, se trouver complétement transformé. De bête de travail, il devient exclusivement animal de boucherie. Ce n'est pas encore toute l'histoire du bœuf manceau, mais c'en est déjà une partie, et le pays où sa transformation s'accomplit aura l'insigne honneur d'avoir, le premier, réalisé ce grand progrès. D'autres le suivront dans cette voie féconde ; par ce côté seulement, nous pouvons arriver à produire toute la viande nécessaire à notre consommation. Honneur donc aux hommes qui ont résolûment pris l'initiative du progrès dans cette région ! Nous en comptons déjà neuf que leurs succès signalent et dont les noms ont obtenu un très-grand retentissement.

C'est d'abord M. Cesbron-Lavau, à Chollet (Maine-et-Loire), vingt et une fois vainqueur, à Nantes ; puis M. Chrétien, directeur de la ferme-école du Camp, dans la Mayenne, qui a emporté dix-sept prix. Vient ensuite M. le comte de

Falloux, au Bourg-d'Iré (Maine-et-Loire), entré plus tardivement dans la lice, mais de prime-saut, comme un maître; son chiffre est de dix. Le révérend père Félix Bernard, abbé de la Trappe, à la Meilleraye (Loire-Inférieure), occupe le quatrième rang avec huit prix. MM. Gernigon, à Saint-Fort (Mayenne), et Rivet, au Puiset-Doré (Maine-et-Loire), se présentent, l'un et l'autre, avec cinq prix, comme M. le baron de Kersabiec, au Pont-Saint-Martin (Loire-Inférieure), et M. Orieux, à Saint-Hilaire-de-Lonlay (Vendée), avec quatre prix. Cela fait soixante-dix-sept prix remportés par neuf lauréats; quinze autres n'en ont obtenu que dix-huit. C'est une excellente condition dans un pays aussi bien disposé et qui a besoin de suivre, les yeux un peu fermés, ceux qui peuvent et doivent nécessairement faire école.

La région est moins avancée quant à l'espèce ovine. Le concours de Nantes a vu quelques lots de moutons de bonnes races, celle de la Charmoise, par exemple, présentée par M. Paul Malingié, qui a remporté les 4 prix qu'il a disputés, et un croisement de southdowns deux fois vainqueur; mais ceci est l'exception. La race qui a remporté le plus de prix, parce que les termes du programme l'ont particulièrement favorisée dans ces dernières années, est une race bretonne, dite de Mortagne, qui a enlevé 11 prix, tout autant, sur 31. On énumère 11 variétés diverses pour les 15 autres prix attribués à l'espèce. Le lauréat le plus heureux, M. Jorret, à Bouaye (Loire-Inférieure), a obtenu 9 prix. La liste complète des gagnants porte 13 noms.

L'espèce porcine est lancée dans la même voie que l'espèce bovine. La meilleure race de porcs de la France a son berceau dans un coin de la Mayenne, d'où elle se répand, à quelque distance, sous le nom de race craonnaise. Malgré cela, elle est, comparativement aux races améliorées de l'Angleterre, dans un état d'infériorité si réel, qu'on a compris de toutes parts la nécessité de la croiser, de la modifier jusqu'à complète absorption. Des expériences très-con-

cluantes ont été faites et ont convaincu non plus la majorité, mais l'unanimité des éducateurs de l'espèce. On peut
donc considérer la question comme résolue : il faut maintenant donner aux faits et à la pratique le temps de se généraliser ou mieux de s'universaliser.

En dehors de la race craonnaise, qui a emporté, soit à
l'état de mélange, soit dans sa condition de race française
pure, 16 prix sur 24, il n'y a plus de succès sérieux que pour
les new-leicesters qui ont réuni tous les suffrages à un degré
bien supérieur encore à celui des durhams.

Les éleveurs qui ont le plus marqué sont, — hors ligne,
— par les services rendus, — M. le comte de la Tullaye, au
Mesnil (Mayenne), bien qu'il ne compte que 6 victoires, et
que, sous le rapport du chiffre, il soit *ex æquo*, 1° avec
M. Gernigon, déjà nommé comme le premier, à l'occasion
des succès obtenus dans les concours de l'espèce bovine ;
2° avec M. Robert, à Orvault (Loire-Inférieure). Immédiatement après, il faut écrire une seconde fois le nom du révérend père Félix Bernard, de la Trappe, vainqueur 5 fois
sur cet autre terrain. Mentionnons enfin M. J. de Liron
d'Airoles, à la Civelière (Loire-Inférieure), qui a pris rang
par la qualité de ses produits, lesquels lui ont valu 3 prix,
tout en promettant mieux dans l'avenir. Il y a une telle
utilité dans l'amélioration de nos races porcines, en général
si prodigues, qu'il faut se montrer reconnaissant envers ceux
qui leur accordent une attention égale à leur importance.
Nous arrivons à Poissy, ce grand centre qui a été le point
de départ des concours, et qui est devenu le concours général. Ici, toutes choses prennent de grandes proportions ;
elles ne se compliquent que pour se compléter. Les réputa-
tions commenceront en province, réputation d'éleveurs et
renommée des races ; elles viendront s'éteindre, ou se fortifier et se consolider au concours général.

Les faits se produisent nécessairement plus nombreux et
plus éclatants à Poissy ; le tableau suivant en montre l'im-

portance numérique depuis la fondation jusque et y compris 1857.

ESPÈCE BOVINE.		ESPÈCE OVINE.		ESPÈCE PORCINE.	
Orne (n. de pr.).	79	Pas-de-Calais. .	75	**S.-et-Oise (2). .	46
Maine-et-Loire. .	60	*Seine-et-Oise (1)	33	Indre-et-Loire.	3
Cher.	41	Loir-et-Cher.. .	19	*Mayenne. . . .	3
Nièvre.	40	Seine-et-Marne.	10	*Orne.	2
Loiret..	26	*Cher.	8	*Loire-Infér. . .	2
Saône-et-Loire. .	24	Aisne.	8	*Dordogne.. . .	2
Mayenne. . . .	22	*Nord..	6	*Yonne.	1
Loire.	21	Seine.	2	*Loiret..	1
Calvados. . . .	15	Seine-Infér. . .	2	**Nièvre.	1
Haute-Vienne. .	12	Somme. . . .	2	Manche.. . . .	1
Gironde. . . .	12	Meurthe.. . .	2	Doubs..	1
Loire-Inférieure.	10	*Nièvre.	1		63
Loir-et-Cher. . .	8	*Calvados.. . . .	1		
Lot-et-Garonne..	7	Ardennes. . . .	1		
Dordogne.. . .	6	Oise.	1		
Seine-et-Oise. .	5	*Lot-et-Garonne.	1		
Vendée.	4		172		
Nord.	4				
Charente-Infér. .	3				
Eure.	2				
Finistère. . . .	2				
Yonne.	1				
Haute-Saône. . .	1				
Basses-Pyrénées.	1				
Charente. . . .	1				
Gard.	1				
Totaux....	408				

(1) Les départements nommés deux fois sont marqués d'un astérisque.

(2) Les départements nommés trois fois sont marqués de deux astérisques.

En résumé, 38 départements ont fourni des lauréats au concours de Poissy ; mais un certain nombre ne prend place dans cette liste que pour l'allonger. Les prix de régions ont été l'occasion d'un rendez-vous général, qui a fait passer sous les yeux d'un même jury à peu près toutes les variétés du pays. Cette étude, comme toute autre, aura sans doute sa conclusion. Ce qui est bon et bien dans un temps cesse souvent d'être utile et d'avoir sa raison d'être un peu plus tard.

Quand le fait se produit, il y a sûrement avantage à faire
différemment. Le concours général, avec son programme
universel, a organisé une revue générale de tous les produits animaux qu'il a été possible d'y faire venir. Nécessaire
pour une étude comparée de ces productions diverses, cet
appel n'a plus la même signification quand l'étude est complète. Dès lors, le concours doit revenir, d'une manière ex-
clusive, plus absolue, à son objet essentiel : — l'encouragement des races les mieux douées pour la maturité précoce
unie à l'abondance de la viande. Toutes races ou variétés de
races qui s'écartent de cette aptitude n'ont plus rien à faire
désormais sur-le-champ des concours d'animaux de boucherie ; leur place est non loin de là, quand leur heure est
venue, sur les marchés d'approvisionnement. Les concours
dont il s'agit ne sont pas précisément des marchés.

La Normandie est parfaitement représentée dans la liste
des départements vainqueurs. L'Orne et le Calvados emportent ensemble 94 prix donnés à l'espèce bovine ; c'est presque le quart de ceux qui ont été distribués à Poissy. Nous
rencontrons, là aussi, des races importantes par le nombre
et vivant sur un sol généreux qui pousse essentiellement
aux grandes aptitudes, à celles que le concours général a eu
pour but de développer à leur plus haut degré. Les races cotentine et normande ne sont pas précisément sans valeur ;
mais cette dernière est bien rehaussée lorsqu'elles sont croisées, améliorées par le sang de la race durham. Pures, elles
se présentent incontestablement en plus grand nombre et
n'obtiennent que 18 prix : mêlées au sang des courtes-
cornes, elles ont de plus grands succès qui les placent haut
sur l'échelle du perfectionnement ; elles comptent alors
76 prix et, parmi ceux-ci, il y en a beaucoup de premiers,
et 2 qualifiés prix d'honneur, sur les 10 qui ont été décernés. C'est, d'ailleurs, dans cette catégorie, que vient se
ranger la race de Durcet, dont nous avons déjà parlé, et que
nous ferons connaître bientôt d'une manière plus complète.

En les réunissant en un seul groupe, les départements de Maine-et-Loire, de la Mayenne et de la Loire-Inférieure donnent un total de 92 prix, dont près de la moitié est gagnée par les races mancelle, choletaise, bretonne et nantaise dans leur état de pureté conventionnelle ou dans leur condition de productions métisses avec les durhams. Nous avons déjà dit toute la supériorité de ces dernières sur les autres. Elle se traduit ici en chiffres très-significatifs, car les croisés prennent 37 prix sur 66.

Les races charolaise et nivernaise, la sous-race durham-charolaise surtout, qui se produit ailleurs que dans le Cher, la Nièvre, Loiret et Saône-et-Loire, sont particulièrement ici sur le théâtre de leurs exploits : elles ne comptent pas moins de 120 prix, parmi lesquels un très-grand nombre de premiers et 2 d'honneur. Le demi-sang durham-charolais entre dans ce chiffre pour 52.

Le Loiret, que nous avons classé avec les précédents, ne compte que pour un seul éleveur, M. de Béhague, 26 fois vainqueur à Poissy. Il est sans doute regrettable que son exemple n'ait entraîné personne autour de lui.

Le Pas-de-Calais, Seine-et-Oise et Loir-et-Cher sont les départements qui ont emporté le plus de prix dans les concours ouverts à l'espèce ovine. On est surpris que Seine-et-Marne n'occupe que le 4e rang.

Le perfectionnement des races ovines, dans le sens des besoins de la consommation, a pris un certain essor, à partir de l'institution des concours; mais il est plus avancé chez le petit nombre que généralement entrepris. Cela fait que les lauréats sont encore peu nombreux, que les éleveurs qui ont pris l'initiative de l'abondante production de la viande de mouton ont, par le fait, monopolisé les prix en leurs mains. Les prix de races sont une nécessité en ce moment peut-être, mais ils ne conduisent pas au but par le chemin le plus court. Le jour où l'on voudra sérieusement engager le pays dans la direction la plus utile à l'industrie

de l'engraissement, le programme sera à la fois simplifié et
plus logique dans ses sollicitations. Les éleveurs sauront
alors que nos races prodigues, qui utilisent si mal les nourritures, doivent être successivement modifiées, puis complétement transformées par d'habiles croisements. On se sou-
viendra alors qu'il y a des races toutes faites, dont le judicieux emploi accroîtra le rendement des troupeaux de bêtes
à laine dans une immense proportion, et l'on adoptera sur
une plus large échelle celles de ces races qui se marient le
mieux aux nôtres. Les southdowns, les dishleys et les new-
kents seront alors propagés, et leurs métis constitueront un
très-grand progrès sur le présent ; c'est qu'on aura compté
avec les faits mis en saillie par les concours d'animaux de boucherie. Dès aujourd'hui, ils parlent haut en faveur de la réforme, car ils prennent, malgré les catégories d'où ils sont
exclus, 124 prix sur les 172 accordés, et notamment les
5 prix d'honneur.

Le Pas-de-Calais ne doit sa prééminence, le premier rang,
qu'à cinq éleveurs, qui ont obtenu 68 prix ; Seine-et-Oise
est à peu près dans le même cas. Seule, la race charmoise,
si peu nombreuse pourtant, donne au département de Loir-
et-Cher la place élevée qu'il occupe dans l'échelle des concours. Un seul éleveur de Seine-et-Marne, en prenant
8 prix, a fait honorablement placer ce département, qui
pourrait avoir de plus hautes prétentions.

Seine-et-Oise montre une très-grande supériorité dans le
concours des bêtes porcines ; il ne la doit qu'à l'introduction des races anglaises et à leur croisement si fécond avec
les nôtres si arriérées. Il y a beaucoup à faire ici pour atteindre à la perfection ; mais on y arrivera plus vite, selon
toute apparence, que pour les autres espèces. La question
paraît simple à tout le monde, et tout le monde paraît disposé à se mettre en route pour un résultat qui semble ne
pas devoir se faire trop attendre. L'idée du perfectionnement de nos races porcines a été si puissamment agitée par

7

les faits, qu'on l'a comprise de toutes parts, et qu'il suffira maintenant de lui laisser faire son chemin sans trop la troubler. Pour cela, une nouvelle rédaction du programme est nécessaire. Ici il n'y a aucun ménagement à garder. Le porc domestique n'a pas deux sortes de services à nous rendre, et il n'y a pas deux opinions possibles sur le point de sa plus grande utilité. Ceux-là donc devront être exclusivement encouragés, qui aideront à faire abandonner nos races françaises, car elles n'ont rien d'enviable, et qui pousseront le plus hardiment à l'adoption générale, universelle, des races les plus profitables à l'éleveur et les plus heureusement douées pour une très-grande abondance de produits.

Quelques mots à présent sur les hommes qui ont le plus marqué dans nos concours. En raisonnant leurs succès, on peut les rendre accessibles au grand nombre, et c'est là le but qu'il faut s'efforcer d'atteindre.

Le premier de tous, et par droit d'ancienneté et par droit de supériorité, est M. le marquis de Torcy, propriétaire à Durcet (Orne); il s'est mis sérieusement à l'œuvre dès avant 1825, et depuis lors il ne s'est pas attardé d'une année. Ses premiers essais, il le dit lui-même, furent hésitants et timides. Les principes qui doivent guider dans le perfectionnement des races spécialisées n'étaient point appliqués de ce côté-ci du détroit, et la pratique heureuse et savante tout à la fois de nos voisins d'outre-Manche n'y était guère connue. M. le marquis de Torcy avait des vues très-arrêtées; il savait à merveille ce qu'il cherchait, mais il ne savait trop où prendre les éléments de la création qu'il avait rêvée, laquelle devait le conduire à la production d'une race produisant au plus bas prix possible la plus grande quantité de viande de bonne qualité.

Il essaya d'abord, dans l'espèce bovine, la sous-race du Merlerault, qui ne répondit pas à son attente. La race suisse de Schwitz, importée à Grignon par les soins de son digne directeur, M. Bella père, lui parut plus propre à atteindre

le but proposé. Il lui trouvait bien des imperfections ; mais
il supposait qu'il les corrigerait aisément en leur opposant
les qualités opposées dans la race cotentine, tandis que
celle-ci lui emprunterait ses qualités de manière à ce que le
résultat de l'accouplement présentât dans un produit nouveau 1° la fusion des formes à conserver et des mérites à
exalter chez l'une et l'autre race ; 2° l'effacement successif
des imperfections propres à chacune d'elles.

Une fois arrêté, ce plan fut suivi avec autant d'intelligence
que de persévérance. Des soins partiels, ou plus exactement,
individuels, ont signalé cette première période des travaux
de M. de Torcy. L'éleveur pouvait montrer avec quelque satisfaction une vacherie très-améliorée, mais le créateur de
race ne pouvait se dire satisfait, car il n'avait encore donné
aucune permanence aux caractères, aux aptitudes qu'il
avait voulu fixer dans ses produits.

Ceci nous conduit jusqu'en 1838, époque de l'introduction de la race anglaise de Durham, au haras du Pin
(Orne).

M. le marquis de Torcy fut frappé d'admiration à la vue
du type qu'il cherchait à produire et qu'il trouvait tout réalisé, bien plus complétement réalisé qu'il ne l'avait rêvé
dans cette magnifique race de Durham, type de la perfection, en effet, quand il s'agit de produire abondamment en
vue des besoins de l'alimentation de l'homme.

Dès lors, un nouveau système de croisement fut adopté.
Le taureau de Durham fut allié à des femelles issues précédemment du mariage des races suisse et normande. Il en
résulta des produits très-supérieurs aux premiers sous les
rapports de la précocité et du rendement, et M. le marquis
de Torcy, profitant de cette voie, a obtenu assez de constance dans les caractères extérieurs, assez de fixité dans les
aptitudes acquises pour donner à sa création le nom de race
ou de sous-race de Durcet.

Mais ceci n'est qu'un côté de la question. Produire de

beaux animaux qu'on puisse dire bien conformés, relativement à leur destination, est le but caressé par tous les éleveurs intelligents. Beaucoup, cependant, craignent de se
lancer hardiment dans la voie des améliorations parce que
le revers de la médaille est précisément dans le prix de revient. La masse des producteurs ne doit pas se livrer aux
essais onéreux. Son rôle est de pratiquer à coup sûr, afin que
les bénéfices soient, tout à la fois, la rémunération de l'industrie prise en grand et une part quelconque dans l'accroissement de la fortune publique. Les tâtonnements dispendieux ne peuvent être que le fait du petit nombre se
donnant pour mission la tâche de faire la lumière pour
tous. M. le marquis de Torcy a été assez heureux pour pouvoir prendre à son compte une partie de ces difficultés, et
il a voulu que ses travaux pussent être un point lumineux
dans la question. Il a spontanément livré à la publicité de
précieux documents sur le prix de revient de ses animaux.
Nous en extrairons la quintessence d'après les résumés donnés par un homme compétent, M. Lefebvre-Sainte-Marie,
dans les publications officielles de l'administration de l'agriculture :

1° Les animaux abattus dans l'âge le moins avancé, et
qui ont dépensé ou consommé le plus, sont ceux qui ont
produit la viande au meilleur marché.

2° Les animaux les plus nourris sont aussi ceux qui donnent le plus de profit.

3° Ces faits sont en faveur de la précocité favorisée par
l'abondance de l'alimentation ; il y a profit certain pour
l'éleveur à donner à ses animaux de bonne nature toute
la nourriture qu'ils peuvent utiliser.

A un autre point de vue, il ressort des détails les plus
précis et les plus circonstanciés de la comptabilité de la vacherie de Durcet que :

en 1850,   en 1851,   en 1852.

Le kilogr. de viande, sur pied, est revenu à :

	en 1850	en 1851		en 1852	
De 1 jour à 1 an. .	0 fr. 47 c.	0 fr. 74 c.	84 m.	0 fr. 65 c.	39 m.
De 1 an à 2 ans. .	0 58	0 63	52	0 96	81
De 2 ans à 3 ans. .	0 62	0 90	63	1 22	72
De 36 à 40 mois. .	0 74	1 22	97	1 86	27
De 40 à 44 mois. .	0 77	»	» »	1 66	33

Cette échelle ascendante est toute à l'avantage de la précocité, sous le rapport du prix de revient, et cette donnée se trouve confirmée, quel que soit, d'ailleurs, le groupement des chiffres quelconques ressortissant à l'élève et à l'engraissement.

Ces premières communications devaient être suivies d'une série de faits et de chiffres comparatifs fort intéressants sur ce que M. le marquis de Torcy avait appelé lui-même, par opposition, l'élevage abondant et l'élevage de luxe, distinction utile et bien faite pour jeter une très-vive lumière sur la pratique intelligente, c'est-à-dire profitable de l'élève et de l'engraissement des races spécialement dirigées dans le sens de la production abondante de la viande au meilleur marché possible.

Ces nouveaux documents n'ont point encore vu le jour. Les éleveurs n'oublieront pas la promesse donnée par M. le marquis de Torcy; mais le temps est nécessaire, indispensable pour des travaux de ce genre, et l'on ne saurait presser, outre mesure, M. le marquis de Torcy qui, très-certainement, ne veut revenir à la publicité qu'armé de toutes pièces.

En attendant, il a poursuivi le cours de ses succès sur le marché de Poissy, où il a remporté cinquante-six prix parmi lesquels vingt et un premiers et trois prix d'honneur.

Maintenant, qu'est-ce donc, au juste, que la race de Durcet?

Au début, c'est un simple croisement entre une race suisse t une variété normande, puis un mélange plus compliqué et dans lequel interviennent une ou deux autres variétés de la contrée et l'élément durham. Il en résulte des produits de sangs divers juxtaposés d'abord plutôt que mêlés ; mais, dans les générations suivantes, le *métissage* est abandonné, et l'on revient au principe plus arrêté du *croisement*.

Quoi qu'on en dise, ces deux termes ne sont pas synonymes, car ils n'expriment pas la même chose. Une signification différente, très-précise et très-marquée les sépare. Quand M. le marquis de Torcy mêlait ensemble plusieurs races, il ne les croisait pas ; il cherchait à les fondre pour en obtenir un produit nouveau, différant des unes et des autres; il se livrait à un *métissage*. Aujourd'hui qu'il a fait dominer l'élément durham sur telles femelles issues du métissage et qu'il a complétement abandonné, par les pères, les races qu'il a primitivement mariées les unes avec les autres, il tend à les absorber toutes dans un seul type, le type durham : c'est là le *croisement* proprement dit. Loin de jeter la confusion dans les idées et dans les faits, ces expressions, nettement définies, répandent la lumière sur les opérations auxquelles se livre le producteur. Il faut qu'il sache ce qu'il veut et tout à la fois ce qu'il fait : c'est le seul moyen de ne pas s'égarer.

Les premières races mêlées l'étaient sans doute en proportion variable et un peu hasardée, car on poursuivait la forme pour arriver au fond. Or, ce mode de reproduction n'offre aucune base certaine et force à mille tâtonnements divers, puisqu'il ne repose sur aucun principe certain. On peut bien alors se rendre compte de ce fait accusé par M. de Torcy lui-même, des améliorations individuelles assez notables, mais point de fixité, c'est-à-dire pas d'homogénéité, et par conséquent point de constance dans la race. A cette période, l'élément durham est introduit, et on le compte tout de suite pour moitié dans l'œuvre. On désigne alors les produits sous l'appellation de demi-sang durham. Mais depuis, le degré de sang durham s'élève toujours, et on passe successivement par les quantités 3/4, — 7/8, — 28/32, sans retour vers des quantités moindres, et c'est là le propre du croisement. On resterait sous l'influence du métissage, au contraire, si, dosant le sang durham, on cherchait à rester toujours dans la même quantité et si pour cela on revenait nécessairement au sang de la race schwitz et à celui des variétés normandes pour en maintenir aussi la proportion jugée nécessaire, la dose mesurée qu'on aurait crue utile à la conservation de la sous-race. Si nous ne faisons pas erreur, c'est surtout à l'élément durham que la vacherie de Durcet doit ses plus grands succès. Il eût été bien intéressant de voir sortir des mains du même éleveur des animaux de pur sang et des produits croisés en nombres presque égaux, afin de voir de quel côté le succès le plus complet aurait fait pencher la balance. Mais il en est toujours ainsi dans les expérimentations, c'est le terme ignoré que l'on cherche, c'est l'inconnu qu'on veut nécessairement dégager.

Cette observation pose une question nouvelle, à savoir : s'il y a plus davantage à entretenir la race pure qu'une race croisée, et cette autre : si, dans certains cas, certaines races croisées ne sont pas plus avantageuses, au contraire, que la race pure.

Ce n'est pas le moment d'aborder l'examen de ces deux propositions.

Que si nous cherchons à rattacher aux efforts de M. le marquis de Torcy les succès obtenus à Poissy par les éleveurs de la Normandie, nous n'avons pas à dresser une longue liste de lauréats pour les variétés normandes. En effet, nous l'aurons épuisée quand nous aurons nommé les seuls qui méritent de prendre rang ici : M. Grégoire, à Almeneches (Orne), et M. Goupil, à Pont-Fol (Calvados), l'un et l'autre primés quatre fois pour des animaux de races normande et cotentine.

M. de Béhague s'est fait améliorateur de bétail dans le

Loiret, à Dampierre. Il a opéré sur les races normande et charolaise qu'il a séparément croisées par la race durham. Ses idées ne le portent pas à créer une nouvelle race; il se borne à obtenir des produits de premier croisement qu'il trouve plus aptes à subir l'engraissement avec profit que les animaux de la race pure. Bien qu'il ne s'explique pas d'une manière positive, nous supposons qu'en disant ainsi il n'entend parler que des races françaises, non de la race durham. Cependant nous n'oserions pas l'affirmer.

On le voit, M. de Béhague s'est placé à un tout autre point de vue que M. le marquis de Torcy. Le premier a raisonné ainsi : étant données une certaine quantité de travail à faire effectuer par le bœuf et une masse de nourriture considérable à faire consommer par des animaux de la même espèce, trouver l'utilisation la plus complète ou la plus profitable de la nourriture à faire consommer.

Cette nourriture est divisée en deux parts :

Celle qui sera nécessaire au bon entretien des animaux de travail, lesquels ne devront être entretenus qu'en nombre strictement nécessaire à la bonne exécution des travaux : en effet, d'une nature prodigue et ruineux à l'engraissement, il faut qu'ils payent, sur le travail, pendant la longue période de leur croissance, une partie de leur dépense d'élevage;

Celle qui excède la première et qu'il faut faire consommer tout entière par des animaux qui aillent directement de l'étable à la boucherie, en laissant un bénéfice quelconque, le plus considérable possible, aux mains de l'éleveur. De là, il établit une distinction bien tranchée entre l'animal de travail et la bête de rente.

Ce système a, suivant nous, un très-grand avantage. Il ne jette la perturbation nulle part; il ne soulève aucune objection contre les races actuellement existantes qu'on ne peut faire disparaître tout à coup; il prévient toute critique contre l'emploi des races perfectionnées, dont le rôle se trouve ainsi parfaitement défini, nous ne voulons pas dire restreint. Il paraît être la transition la plus heureuse entre l'état actuel des meilleures races du pays et la condition plus avancée que des esprits prime-sautiers rêvent de réaliser comme on effectue au théâtre un changement à vue.

Nous trouvons à la pensée de M. de Béhague et à la pratique qu'il préconise une raison d'être actuelle suffisante pour désirer qu'elle se généralise, mais nous ne l'accepterions pas comme le dernier terme de nos efforts; les exigences d'une agriculture vraiment perfectionnée commandent plus, mais il y a des degrés à la perfection, et nous en serions moins éloignés, si nous en étions là où en est M. de Béhague, dont l'élevage intelligent a obtenu d'éclatants succès au concours général de Poissy. Il a été partie prenante, en effet, pour vingt-six prix, dont neuf premiers et deux d'honneur. Certes, la part des récompenses est assez grosse pour qu'on ne puisse pas dire que M. de Béhague est dans une mauvaise voie; il est en progrès au contraire, et, comme il ne fait que ce que tout le monde pourrait faire comme lui, il donne certainement un précieux exemple à quiconque aurait à faire, ainsi que lui, deux parts de ses fourrages.

M. de Béhague a aussi publié quelques-uns des résultats observés dans ses étables; malheureusement, ce qu'il a livré à la publicité est encore trop insuffisant pour autoriser une conclusion quelconque. Chez M. le marquis de Torcy, nous regrettions que les comparaisons n'aient pu s'établir entre des animaux de pur sang et les produits de la nouvelle race; chez M. de Béhague, nous devons regretter qu'on ne puisse établir aucun parallèle entre les races françaises non primées et les produits de leur croisement, au premier et au second degré, avec le taureau pur de Durham.

Nous trouvons, dans un tableau comparatif de l'accroissement du poids de vingt-quatre animaux de trois mois et demi à deux ans sept mois, des chiffres très-intéressants, mais ils ne comprennent qu'une période de trois mois, et cela ne nous semble pas assez pour en tirer aucune induction plausible. Dans une note très-courte, communiquée à la Société centrale d'agriculture, sur l'engraissement précoce et sur l'augmentation proportionnelle du poids, M. de Béhague fait ressortir, d'après son expérience, les données que voici :

« Un bœuf de six mois, pesant 205 kilog., consomme, par vingt-quatre heures, à 4 pour 100 de son poids, $8^k,200$, et produit, par vingt-quatre heures, $1^k,275$ de poids ; ce qui donne, en dépense, $7^k,205$ de foin pour produire 1 kil. de poids vif.

« Un bœuf de vingt-sept mois, pesant 675 kilog., consomme, par vingt-quatre heures, à 3 pour 100 de son poids, $20^k,250$, et produit, par vingt-quatre heures, $0^k,611$; ce qui donne, en dépense, $33^k,142$ de foin pour produire 1 kilog. de poids. »

Et M. de Béhague ajoute : « Nul doute que, pour obtenir le plus haut prix des fourrages, il eût fallu sacrifier ces jeunes bœufs à l'âge de vingt à vingt-quatre mois. A cet âge, la viande, dans cette race, quand le produit est fortement nourri depuis sa naissance, est faite et de qualité parfaite. Chez les génisses, la précocité est plus grande encore. »

Il s'agit d'un durham-normand et d'un durham-charolais. Combien n'est-il pas regrettable que la même expérience n'ait pas été faite, en même temps, dans les mêmes circonstances, sur un bœuf normand et sur un bœuf charolais ? Évidemment, elle eût été plus complète, sinon plus concluante, car il faut opérer sur les masses pour arriver à des résultats qui puissent être donnés comme une loi.

M. Cesbron-Lavau, propriétaire-engraisseur, à Cholet (Maine-et-Loire), obtient le troisième rang au concours général de Poissy avec vingt-cinq prix. Nous avons déjà dit ses succès aux concours de Nantes ; en les cumulant avec les victoires remportées à Poissy, on trouve en M. Cesbron-

Lavau un connaisseur peu ordinaire du bétail et un engraisseur hors ligne. Sa pratique n'a été heureuse que parce qu'elle était appuyée sur des connaissances exactes et sur une attention réfléchie dans le gouvernement des animaux. C'est là sans doute une part fort honorable, mais les travaux du genre de ceux-ci trouvent bien plus leur récompense dans les bénéfices d'une spéculation bien menée que dans la conscience des progrès qu'on a pu faire faire à l'industrie. M. Cesbron-Lavau a particulièrement su choisir, dans les races existantes, les animaux les mieux doués, et il a profité de ces bons choix en les produisant dans les meilleures conditions d'engraissement; mais il n'a pas porté son attention sur le perfectionnement de ces races, il n'a point essayé d'obtenir mieux. Il a vaincu nombre de fois ses compétiteurs et s'est bien certainement montré supérieur à eux, mais il n'a pris aucune part au mouvement qui a poussé à la recherche des races perfectionnées en vue des besoins de la consommation. Il a été fin connaisseur et engraisseur émérite ; on ne saurait le classer parmi les réformateurs ni parmi les éducateurs dont les travaux font surtout la richesse des autres. M. Cesbron-Lavau a engraissé, avec un succès presque égal, des salers, qu'il a un peu contribué à mettre en réputation, des bœufs choletais, des animaux de race nantaise et des produits nés du croisement de la race mancelle par le taureau de Durham.

M. Larzat, à Cronat, a opéré, dans Saône-et-Loire, comme M. Cesbron-Lavau en Anjou ; il s'est placé au premier rang parmi les engraisseurs de sa contrée. Vingt-quatre prix ont récompensé ses efforts et les soins spéciaux et intelligents qu'il a donnés à l'engraissement d'animaux de bon choix pris dans la race charolaise et quelquefois aussi parmi les produits de cette race améliorée par un croisement durham.

Dans le Cher, M. Louis Macé, propriétaire, à la Guerche, s'est fait un nom en poussant la race charolaise vers le plus

haut point de perfectibilité qu'elle soit en voie d'acquérir. Il
compte dix-neuf victoires à Poissy : ses connaissances sont
à la hauteur de la tâche qu'il poursuit avec un zèle très-
louable; il ne paraît pas sortir de la race charolaise pure,
qu'il reproduit pour l'améliorer par elle-même. Il est suivi
de près, dans ses vues de perfectionnement, par un certain
nombre de propriétaires, pleins d'ardeur et très-habiles pra-
ticiens, qui semblent, comme lui, avoir pris à tâche de pousser aussi loin que possible les bonnes qualités du bœuf charolais particulièrement élevé en vue de la boucherie. Toutes les parties du pays où cette race domine marchent dans
ce sens avec beaucoup plus d'ensemble que nous ne sommes
habitués à en voir en pareille matière. Il y a là un grand
exemple à indiquer et un grand exemple à suivre. D'autres,
non moins intelligents, non moins habiles, non moins ardents à l'œuvre, pressent davantage le résultat en deman-
dant au sang durham un secours très-efficace; mais en quelle
proportion ce sang doit-il intervenir? Cette question, si simple, n'est pas encore résolue, et deux opinions sont en présence : l'une prétend que la supériorité actuelle de la race
charolaise, qu'on dit pure, tient à un atome de sang anglais
durham, déjà anciennement versé dans ses veines; car l'introduction des courtes-cornes dans le pays remonte à 1825;
la seconde déclare que le croisement poussé au delà de la
seconde génération ne produit que des animaux inférieurs.
Ce n'est pas le cas de discuter ces assertions, nous ne les
avons relevées, en passant, que pour appeler de nouveau l'attention sur l'une et sur l'autre et pour dire aux éleveurs que
la question posée reste à élucider dans toutes ses parties. A
en juger par les faits que les concours mettent officiellement
en saillie, la race pure et les produits métis arriveraient à
la même somme de succès *ex æquo* ou à peu près. Reste à
savoir si la race qu'on dit pure ne doit pas son premier pas
vers le progrès à une certaine dose de sang durham, lequel,
dans tous les cas, paraît avoir une heureuse affinité avec le

sang charolais. Et, puisque nous sommes sur ce terrain, qu'on nous permette une digression. Vers 1827, des fermiers anglais importèrent dans le Nivernais un troupeau de vaches accompagnées de quelques taureaux de la race d'Hereford, qui s'allièrent mal au sang charolais et ne donnèrent que de mauvais produits. Cet échec a sans doute nui beaucoup, dit-on, à l'adoption plus générale du sang durham; versé à trop haute dose, en effet, celui-ci ne conserve pas sa supériorité, en raison des habitudes d'élevage qui lui profitent et qui sont bien différentes de celles auxquelles les animaux de la race charolaise restent soumis.

Dans la Nièvre et dans le Cher, à côté de M. L. Macé, nous devons citer M. Tachard, à la Guerche, qui compte quinze prix dont un prix d'honneur.

M. Tachard suit une autre voie que son voisin, M. Macé, tout en ne différant pas sur le but. Ils veulent, l'un et l'autre, des bêtes également aptes à un accroissement presque aussi rapide que celui des durhams et à un travail modéré, moins pénible, par conséquent, que celui auquel on soumet généralement le bœuf chargé des travaux du sol. M. Macé a créé lui-même son moyen de solution en ne sortant pas du sang charolais; il s'est fait une race à deux fins, qui, suivant les circonstances, puisse être engraissée avantageusement dès sa jeunesse, ou réduire, par un travail plus durable, le prix de revient de ses autres produits. C'est ainsi qu'ont procédé, en Angleterre, les créateurs de races, c'est en se faisant une idée bien définie du but de la production qu'on veut réaliser.

M. Tachard et quelques autres ont emprunté jusqu'à un certain point aux Anglais le premier élément de l'amélioration projetée, puisqu'ils ont fait des croisements avec le sang durham. Comme ceux de M. Macé, leurs produits se montrent également propres à l'engraissement précoce et au travail modéré, suivant que les besoins conseillent ou commandent de leur donner telle ou telle distinction définitive;

mais la sous-race de M. Macé tient ses aptitudes d'elle-même et les conserve par voie de sélection attentive, et celle de M. Tachard les doit exclusivement au mélange du sang de durham, qu'il faut doser avec soin, sous peine de rompre l'équilibre qui donne la bête à deux fins, et de voir celle-ci s'éloigner par trop ou de l'aptitude à la graisse ou de l'aptitude au travail.

Viennent maintenant MM. Hervieux, à Dampierre-sur-Méry, six prix ; Tiersonnier, à Gimouille, et Desjardins, à Isenay, cinq prix chacun ; Foulenay, à Bannegon ; marquis d'Espeuilles, à Achun ; André Bellard, à Saint-Antoine-les-Forges, quatre prix chacun. Restent MM. Bellard, à Guérigny, et, hors de la contrée, M. Crétin, à Mably (Loire), quatorze prix chacun. Ces deux derniers, si nous sommes bien renseignés, ne font pas naître et se livrent exclusivement à la spéculation de l'élevage. M. Crétin, ainsi que nous l'avons vu, tient le haut du pavé aux concours de Lyon ; en totalisant les récompenses obtenues sur les deux points, il compte quarante-trois prix.

M. Chrétien, directeur de la ferme-école de Camp, dans la Mayenne, n'en compte que dix-sept, mais celui-ci fait naître et élève tout à la fois. Il opère sur la race mancelle avec le taureau durham, et ses succès le signalent comme un éleveur habile et très-distingué. Il ne s'arrête pas, d'ailleurs, au demi-sang ; le pur sang réussit aussi bien en ses mains, et nous ne pensons pas nous tromper en disant qu'il a essayé, avec profit, de marier ensemble le sang durham et le sang hereford. On voit quelle place élevée M. Chrétien prend parmi les éducateurs qui se proposent un but, non de spéculation immédiate, mais d'expérimentation utile aux autres. Toutefois nous n'avons connaissance d'aucune publication faite par M. Chrétien. Les hommes qui ont su se mettre à la tête du mouvement se doivent à eux-mêmes d'initier le public à leurs essais, sous peine de ne remplir qu'à demi la tâche qu'ils se sont imposée dans l'intérêt général.

Pendant que nous sommes dans l'ouest, accusons le chiffre des succès obtenus par M. le comte de Falloux, dont nous avons déjà parlé. Il compte pour onze nouveaux prix remportés avec éclat à Poissy. En effet, dans ce nombre, il y a deux prix d'honneur et six premiers prix. La race durham pure, ou mêlée à la race mancelle, est l'objet exclusif des attentions de M. le comte de Falloux. Espérons aussi que M. de Falloux fera connaître quelque jour les intéressantes observations qui auront certainement été recueillies dans ses étables, placées sous l'intelligente et habile direction de M. Lemanceau, ancien élève de la ferme-école de Mayenne.

MM. Rivet, au Puiset-Doré (Maine-et-Loire), et Gernigon, à Saint-Fort (Mayenne), ont opéré dans le même sens et sur les mêmes produits que M. le comte de Falloux et que M. Chrétien; chacun d'eux a été cinq fois lauréat à Poissy, aidant ainsi à faire apprécier aux masses la supériorité des produits durhams-manceaux sur les bœufs de la race mancelle proprement dite.

Le R. P. Bernard, abbé de la Trappe, à la Meilleraye (Loire-Inférieure), a pris à tâche d'appeler l'attention des éleveurs de la contrée sur les mérites de la race bretonne. Ses premiers pas dans la carrière ont eu un plein succès et doivent être un réel encouragement pour les éducateurs qui voudront le suivre sur ce terrain. A Nantes, il est bien dans son centre, ainsi que la race bretonne, et il y a remporté huit prix, dont cinq premiers. A Poissy, il en compte cinq; en tout treize.

M. Salvat, à Nozieux (Loir-et-Cher), a plus spécialement adopté la race durham et obtenu, avec elle, six premiers prix et une mention honorable. C'est aller droit au but, mais cette manière de faire n'est point à la portée du grand nombre.

Enfin M. Poute de Puybaudet, au château de Ponsac (Haute-Vienne), a honorablement produit la race limousine au concours général, en lui faisant décerner six prix attribués à des animaux sortis de ses étables.

Tout cela donne vingt-quatre propriétaires pour trois cent un prix; les 127 autres ont été partagés entre soixante-six concurrents divers.

Les éducateurs de moutons qui ont le plus marqué nous arrêteront quelques instants.

Au premier rang, il faut nommer tout de suite M. Malingié-Nouël, l'heureux et habile créateur de la race charmoise, à laquelle on ne rend pas toute la justice qu'elle mérite. Une race tire grand avantage aussi de sa rapide expansion; elle ne gagne pas à rester confinée aux mains du petit nombre. Plus elle se répand et mieux on la juge, mieux on la connaît et plus elle vaut, en raison de l'émulation qui la pousse de toutes parts et qui la conserve, si elle ne la perfectionne encore. La vogue seule opère ce miracle, mais on se fait cette question avec un peu de découragement : que faut-il donc pour obtenir la vogue?

Voilà une race créée de toutes pièces par un émule des Backewell, des Collings, des Jonas Vebb; elle a tous les mérites que nous recherchons dans les bêtes de boucherie, la forme, la précocité, l'aptitude à prendre la graisse; elle a fait ses preuves de constance, elle améliore d'une manière notable au-dessous d'elle, elle remporte des prix nombreux, se classe en haut rang partout où elle se montre, et, malgré cela, on ne l'adopte guère; elle reste elle-même dans son petit coin et ne se répand qu'avec lenteur dans la contrée, dont elle pourrait faire la fortune. Qu'il en serait autrement, si la race charmoise était purement et simplement une création anglaise! Elle a le tort d'avoir été pétrie sur notre sol par les mains d'un éducateur français auquel nous ne voudrions pas reconnaître la dose de génie qui, partout ailleurs, fait classer les hommes parmi les illustrations du pays. Prématurément enlevé à son œuvre, M. Malingié-Nouël a eu dans ses fils, MM. Paul et Ch. Malingié, deux successeurs; mais

l'un d'eux surtout, M. Paul Malingié, a pris à cœur la création qui lui était léguée, et il lui accorde les soins les plus
soutenus ; dédaigneux de toute réclame, il se contente de
concourir et de remporter des prix beaucoup plus nombreux qu'ils ne sont accordés aux autres races, si l'on veut
tenir compte du peu d'importance numérique de celle-ci
comparativement à toutes celles qui concourent. La race de
la Charmoise compte à Poissy pour quatorze prix. Nous
avons vu plus haut qu'elle a été quatre fois vainqueur à
Nantes, et nous ne sachions pas qu'elle ait paru à d'autres
réunions. Nous avons parlé de M. Malingié-Nouël le premier, parce que nous établissons une grande différence entre le mérite des travaux et l'utilité du succès d'un créateur
de race et le mérite, si grand qu'il soit, d'ailleurs, d'éleveurs ordinaires placés dans d'excellentes conditions pour
réussir avec des races locales qui ne concourent pas avec des
races supérieures.

Sous ce dernier rapport, MM. Pilat à Brébières, Crespel-
Pinta à Arras, l'un et l'autre dans le Pas-de-Calais, ont
droit à une mention toute particulière. Leurs succès laissent loin derrière eux les concurrents qui essayent de leur
disputer les prix, soit à Lille, soit à Poissy. Le premier
compte dix-sept victoires dans le nord et vingt-cinq au concours général. Dans ce chiffre, il y a quatre prix d'honneur et trente-deux premiers prix. Les distinctions se partagent un peu entre toutes les races, mais nous avons dit
ailleurs la supériorité des croisements opérés avec des béliers de races anglaises dishley et new-kent. M. Crespel-
Pinta, vingt-six fois vainqueur dans les mêmes concours, ne
tient cependant que le second rang. Les seconds et troi-
sièmes prix deviennent son partage : il suit M. L. Pilat
d'aussi près qu'il lui est possible de le faire, mais il ne le
suit qu'à distance.

Les succès de M. Pilat ont été si éclatants, qu'on l'a classé

8

au nombre des supériorités décourageantes. Engraisseur de profession, M. Pilat s'est fait éleveur par occasion et n'a pas été moins heureux à ce dernier titre.

On reproche à ces messieurs d'être un peu cachottiers de leurs travaux. Ils redoutent la concurrence et ne paraissent pas disposés à faire connaître aux engraisseurs de moutons l'hygiène qui leur réussit. Ce sont des hommes habiles; nous n'oserions pas les classer parmi les hommes utiles; ils ne se montrent point les propagateurs du progrès.

On est plus sévère que nous ne venons de le dire envers M. Pilat, qu'on accuse de défranciser la race *charmoise*, quand il la présente dans les concours. Nous lisons, en effet, dans une lettre écrite par M. Daveluy, directeur de la ferme-école des Hubaudières (Loir-et-Cher), la phrase très-significative que voici : « Tous les ans, je vends à M. Pilat, « ce si célèbre engraisseur du Pas-de-Calais, mon ami in-« time, un lot provenant de la *race charmoise*, lequel lot « a l'honneur de remporter un premier prix au concours « de Poissy. Mais ce lot est toujours désigné sous le nom « d'*anglo-berrychons*, tandis qu'en réalité il descend des « *charmoises*. » Conserver ses secrets de nourrissage est assurément très-licite, mais *disqualifier* des produits ne l'est plus. Il y a un précepte de morale éternelle qui veut qu'on rende à César ce qui est à César, comme à Dieu ce qui est à Dieu. Il y a longtemps que les charmoises ne sont plus des anglo-berrychons; ils sont charmoises; ne les dénationalisez pas. Ils méritent mieux de votre justice.

Parmi les heureux du concours de Poissy, nous n'avons plus que des noms à citer en suivant l'ordre numérique des prix remportés, savoir :

MM. Bonnival-Crespel, à Blangy-les-Arras (Pas-de-Calais). **11 pr.**

    Fournier, à Villenoy (Seine-et-Marne).   **8**

    Pluchet, à Trappes (Seine-et-Oise).   **7**

    Lucas, à Lattre-Saint-Quentin (Pas-de-Calais).   **7**

    Martine, à Aubigny (Aisne).   **7**

    Lupin aîné, à Mariébois (Cher).   **7**

    Legendre, à Poissy (Seine-et-Oise).   **6**

    Lecreps, à Lormoy (Seine-et-Oise).   **6**

En groupant ces douze éleveurs et en totalisant les prix qu'ils ont obtenus, nous en comptons cent dix-huit contre cinquante-quatre répartis entre trente-trois autres lauréats pour Poissy seulement.

L'espèce porcine a fort heureusement aussi eu ses partisans qui changeront de fond en comble nos idées et nos habitudes sur la production de la viande. Ici les faits se produiront plus vite et d'une manière plus évidente en raison d'une plus grande étendue et de la moindre durée de la spéculation. Si nous avions commencé la réforme par cette espèce, nous aurions été bien plus tôt frappés des résultats, et beaucoup de résistances ne se seraient pas produites, beaucoup de volontés divergentes n'auraient pas créé les gros obstacles qui ont tant retardé la marche du progrès et qui sont en grande partie aujourd'hui la cause des crises alimentaires qui nous étreignent.

On ne peut se faire, par les concours, qu'une idée très-imparfaite des tentatives qui ont eu lieu un peu partout pour tirer meilleur parti de l'élève intelligente et économique du cochon. Les éducateurs du bœuf et du mouton sont plus connus. L'autre espèce n'a pas tout d'abord été appelée au partage égal ou correspondant des distinctions. Aujourd'hui on a fait plus pour l'espèce porcine, on l'a mieux classée, et les améliorations commencent à montrer leurs résultats.

Le plus ancien dans la carrière est l'honorable M. Allier, fondateur de la colonie agricole de Petit-Bourg, dans Seine-et-Oise. Par la multiplicité de ses essais et de ses succès, il semble avoir voulu prouver que la perfection était partout et en tout, à l'exception des races françaises. Dans cette voie, il n'avait guère rencontré tout d'abord que de faciles victoires, tant était marquée et réelle notre infériorité. Mais l'enseignement que portent avec soi les concours est si fécond, que d'autres sont bien vite venus à la suite et que le maître a été promptement battu sans avoir été dépassé. Il y a eu surprise, car la science n'a pas fait défaut. M. Allier a remporté seize prix à Poissy.

M. Émile Pavy, à la ferme de Girardet (Indre-et-Loire), a nettement posé, devant le public mieux préparé, la question de supériorité des races étrangères les plus perfectionnées. La solution ne s'est pas fait attendre. Les animaux exposés par lui ont enlevé tous les suffrages, et il aura beaucoup contribué à la révolution très-prochaine qui se fera dans l'éducation générale du porc en France. Il aura fait énormément en peu de temps, *multum in parvo*. M. E. Pavy a obtenu le seul prix d'honneur qui ait encore été décerné à l'espèce porcine. Il a reçu deux autres prix à Poissy, où il n'a encore paru qu'une fois en 1857.

M. le comte de la Tullaye, au Mesnil (Mayenne), ne compte encore qu'une victoire au concours général ; mais elle doit être le point de départ d'une nombreuse série de succès pour lui-même ou pour ceux qui auront profité de la belle leçon expérimentale que, sur la demande de M. Jamet, il a donnée au monde agricole en engraissant, côte à côte, des animaux new-leicesters et des porcs craonnais. On connaît les résultats de cet engraissement comparatif déposés en 1857, par M. Jamet, dans le tome VII du *Journal d'agriculture pratique*, p. 195; il en appert que

Chaque kilogramme de viande, poids vif, obtenu avec

les porcs craonnais, revient à un peu plus de 1 fr. 52.

Chaque kilogramme de viande, poids vif, obtenu avec les new-leicesters, ne revient pas tout à fait à 49 cent.

D'où il suit qu'au cours du moment les craonnais donnaient une perte de 65 fr. 05 et les new-leicesters un bénéfice de 87 fr.

M. le comte de la Tullaye aura de nombreux imitateurs, car chacun sait aujourd'hui ce qu'il a à perdre en continuant le passé, ce qu'il a à gagner, au contraire, en modifiant ou en changeant ses races.

M. Pluchet, à Clavenay (Seine-et-Oise), lequel a remporté onze prix à Poissy, M. Pluchet est un de ceux qui achètent un peu partout et font un choix des meilleurs pour les présenter aux concours.

Cette manière de faire ne saurait être condamnée; elle est assurément très-licite, et nous applaudissons aux connaissances très-étendues des personnes qui l'adoptent par position; mais elle n'a pas, répétons-le encore, une utilité aussi directe que l'autre. Les producteurs de races perfectionnées, les éducateurs qui consacrent leur intelligence à faire naître et à élever des animaux d'élite ont plus de réel mérite à nos yeux, et c'est à eux que nous donnons le pas quand nous cherchons à faire valoir et leurs travaux et le sacrifice qu'ils se sont imposés, travaux et sacrifices profitables aux masses, tandis que la spéculation pure commence à être profitable à elle-même; sa devise est bien celle-ci : *primo mihi*.

§ VI. Coupe des boeufs de boucherie dans les chefs-lieux de concours.

L'administration de l'agriculture a publié des dessins qui donnent la coupe du bœuf de boucherie dans les six chefs-lieux de concours. Elle ne s'est pas livrée à ces recherches

sans y avoir été poussée par une pensée d'utilité. A ce point
de vue, il est peut-être regrettable que le même travail n'ait
pas été fait pour le mouton et pour le porc.

La coupe du bœuf de boucherie présente d'assez notables
différences dans les diverses contrées où l'administration a
établi ses réunions officielles. On a dit que ces particularités,
toutes locales, ne changeaient en rien les rapports des diverses qualités de viande entre elles. Jusqu'à quel point
cette assertion est-elle exacte? Certes, la coupe des morceaux
n'ajoute ni n'ôte rien à la qualité des morceaux qu'elle sépare; mais la qualité de ces morceaux n'est-elle donc pour
rien dans la manière adoptée pour la coupe en elle-même?
Il ne faut pas prendre l'effet pour la cause; nous croyons
bien que chaque mode de dépècement des animaux de boucherie a sa raison d'être dans un autre ordre de faits que
ceux qui pourraient résulter du hasard ou du caprice, bientôt consacrés par l'usage. On a complété la pensée en disant : Les qualités de viande restent, en dépit de la coupe,
telles que la nature les a faites. Cela est incontestable; mais
la coupe, étudiant ces qualités en elles-mêmes, n'a-t-elle
point été modifiée dans chaque localité en raison même de
la conformation qui domine chez les bêtes abattues? n'a-
t-elle pas dépendu partout de la qualité? Nous pouvons
supposer qu'il en a été ainsi, et que, dans tous les abattoirs,
la coupe serait depuis longtemps la même, si les bouchers
avaient eu à dépecer partout des animaux d'une seule et
même race, ayant tous la même conformation et présentant
au couperet des morceaux pareils ou équivalents. La coupe
du bœuf de boucherie n'est pas la même à Londres qu'à
Paris; en Angleterre, elle n'est pas la même qu'en Écosse. Il
y aurait eu, sans doute, d'utiles rapprochements et de profitables comparaisons à établir entre la manière dont on découpe les animaux de boucherie perfectionnés dans leur aptitude, et ceux qui proviennent d'un élevage tout différent.

Aussi le but de cette étude nous a-t-il paru manqué lorsque nous avons vu que le type du bœuf de Durham avait été choisi comme modèle général. La vérité alors reste profondément cachée.

Nul ne saurait la découvrir sous ce moule unique. On lui a précisément donné pour couverture universelle un manteau d'emprunt qui n'est pas et qui ne saurait être le sien de si tôt. Quand la race durham ou d'autres analogues fourniront aux abattoirs l'immense majorité des animaux de consommation, au lieu de n'y envoyer qu'une imperceptible minorité, qui nous dit que la coupe actuelle ne sera pas modifiée, et que la même coupe ne sera pas généralisée, adoptée partout de proche en proche?

Cette question, tout à fait indépendante de celle du rendement, ne manque pas d'importance, et M. Lefebvre-Sainte-Marie, qui a été chargé, pendant plusieurs années, de la publication des documents sur lesquels nous travaillons, pour les résumer, pour extraire les faits saillants qu'il nous semble bon de mettre en relief; M. Sainte-Marie ne s'y est pas trompé, car il a écrit ceci, par exemple, à la page 91 du 1er volume, dans un rapport ayant trait au rendement des animaux primés à Poissy : « La fatigue, l'ennui et le découragement que font naître des investigations sans résultat probant ont engagé plusieurs membres de la commission à émettre l'opinion qu'on devrait, désormais, supprimer les recherches sur les débits à l'étal, et s'en tenir à la constatation du poids de la viande nette, du cuir et du suif.

« Si un semblable vœu était accueilli, il en résulterait nécessairement que les animaux donnant le rendement net le plus élevé seraient considérés comme supérieurs à tous les autres, ce qui impliquerait, à nos yeux, une grave erreur. En effet, quand on recherche l'amélioration, il ne suffit pas d'obtenir d'un animal beaucoup de viande, il faut

encore que cette viande soit composée, en majorité, de bons
morceaux.

« Je m'explique : Un bœuf, au débit, se découpe en divers morceaux portant différents noms et variant de valeur.
Eh bien ! je dis que, pour qu'un bœuf soit bien conformé,
il faut que, dans son rendement en viande, il fournisse, en
majeure partie, la viande de ces bons morceaux. Il y a, dans
ce fait, profit pour l'éleveur, l'engraisseur, le boucher, le
consommateur. Cela n'exclut en rien la condition du prix
modéré, ni même du bas prix ; au contraire, tout animal
bien conformé, comme je l'entends, se nourrira et s'en-
graissera à meilleur marché qu'un autre.

« Je ne parle pas ici de la qualité du grain de viande,
mais de la nature même du morceau. Le grain de viande,
il est vrai, quand il a un degré de finesse comme celui de la
race cotentine, par exemple, peut permettre au boucher de
débiter, comme morceaux de première qualité, des morceaux de seconde, et, comme morceaux de seconde, des
morceaux de troisième ; mais ces métamorphoses, si je puis
m'exprimer ainsi, ne peuvent porter que sur quelques kilos,
et ne sauraient aller jusqu'à transformer le *pis de bœuf* en
plat de côtes, ou le *collier* en *paleron.* Le problème de l'a-
mélioration de toutes les races françaises se réduit donc à
conserver ou acquérir un grain de viande fin avec une conformation riche en bons morceaux. »

Et nous dirons à notre tour : Si on avait pris, dans chaque
région, pour simuler la coupe consacrée par l'usage, un
bœuf dans les races qui concourent à l'approvisionnement
de son principal centre de consommation, la démonstration
qu'on voulait faire eût été plus exacte et plus complète, on
aurait donné des indications plus frappantes, et l'on n'aurait
pas posé ces indications, nécessairement fausses, si on les
lui applique, à la conformation parfaite du type durham.
On l'a fait une seule fois avec la race choletaise au con-

cours de Nantes, et l'on voit tout de suite (car cela saute aux yeux) l'énorme différence que présente un bœuf de cette race comparé à l'autre. On sent mieux les imperfections du choletais considéré comme bœuf propre à la fabrication abondante de la viande de première et de seconde qualité. Ce dessin, il est vrai, n'est pas correct ; c'est bien plus une caricature qu'un portrait ; mais on aurait pu faire mieux, se rapprocher de la ressemblance et s'éloigner davantage de la charge. Les légendes ne sont pas menteuses comme les dessins ; elles seules, par conséquent, doivent être étudiées avec attention.

Si nous avions eu la possibilité de faire ce que nous venons de dire, nous n'y aurions pas manqué. Dans notre impuissance, nous nous bornons à copier les figures et les légendes telles qu'elles sont dans les volumes officiels.

a. — Coupe d'un bœuf de boucherie, à Paris.

Bien que la figure représente un durham, la légende se rattache à un bœuf gras de race normande, saintongeoise ou choletaise, du poids de 457 kilogr., chair nette. Le lecteur se trouve ainsi dûment averti. Ajoutons que tous les détails de la légende, recueillis par M. Rolland aîné, boucher, à Paris, ont été soumis au contrôle de M. Purget, syndic de la boucherie.

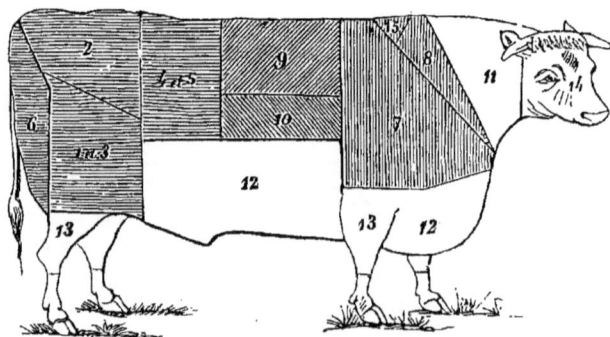

Figure A.

Légende de la figure A.

NUMÉROS des MORCEAUX.	NOMS DES MORCEAUX.	PRIX DU KILOGRAMME de chaque morceau.	PRIX de CHAQUE MORCEAU.
	1re QUALITÉ.	f. c.	k.
1	Tende de tranche (partie intérieure).	1 50	20
2	Pointe de culotte.................	1 50	30
3	Tranche grasse (partie extérieure)..	1 50	20
4	Aloyau.......................	1 50	50
5	Filet (partie intérieure)...........	3 à 3 20	7
6	Gîte à la noix..................	1 50 à 1 60	15
			k.
	Total de la 1re qualité...		142
	2e QUALITÉ.		
7	Paleron.....................	1 10 à 1 20	70
8	Talon de collier (partie intérieure).	1 20 à 1 30	55
9	Côtes.......................	1 40 à 1 50	45
	Total de la 2e qualité....		120
	3e QUALITÉ.		
10	Plates côtes ou plat de côtes......	0 f. 90 c.	25
11	Collier......................	90 c. à 1 f.	35
12	Pis de bœuf (basse boucherie).....	80 à 90 c.	75
13	Gîte..... { Membres de derrière..	1 f. 00 c.	15 25
	{ Membres de devant....	90 c.	10 25
14	Tête ou joue.................	60 c.	10
15	Surlonge (partie intérieure).......	70 à 80 c.	10
16	Rognons de graisse (partie intérieure).....................	1 f. à 1 f. 10 c.	15
	Total de la 3e qualité. ...		195
	Total des trois qualités.....		457 k.

b. — Coupe d'un bœuf de boucherie, à Lille.

Il n'y a pas de très-notables différences entre la coupe du bœuf de boucherie à Lille et à Paris. La comparaison en a été établie avec soin par M. Loiset, que ses travaux sur l'économie de bétail ont depuis longtemps recommandé à l'estime publique. La figure qu'il a donnée, et qui a été reproduite dans les documents officiels, donne, comme à Paris, le portrait d'un durham. Cependant la légende se rattache au rendement d'un bœuf gras, de Flandre, variété non indiquée, et du poids de 458 kilogr., chair nette; c'est donc une sorte de moyenne formant type pour les bœufs gras que la Flandre envoie sur le marché d'approvisionnement de Lille.

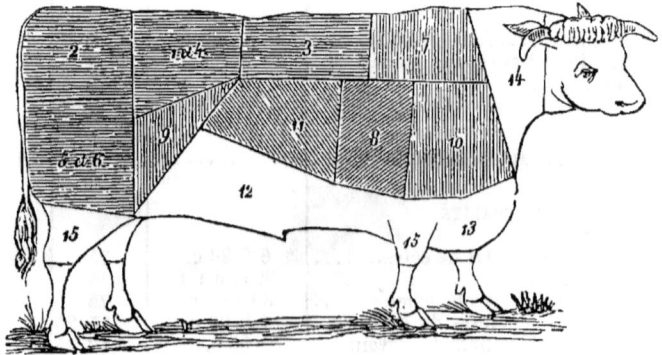

Figure B.

Légende de la figure B.

NUMÉROS DES MORCEAUX.	NOMS DES MORCEAUX.	PRIX du KILOGRAMME de chaque morceau.	POIDS de chaque MORCEAU pour un bœuf gras de Flandre, race..... du poids de 458 kilogram. chair nette.		PROPORTIONS des MORCEAUX au poids, sur 100 kilogrammes de chair nette.
	1ʳᵉ QUALITÉ.				
1	Filet (partie intérieure)......	2ᶠ 80	6ᵏ 8		1 5 %
2	Culotte....................	1 40	32		7
3	Côtes.....................	1 40	35		7 5
4	Aloyau....................	1 20 à 1 40	28 2		6
5	Tende de tranche, dite nœud du roi et pièce ronde......	1 30 à 1 40	16		3 5
6	Tranche grasse, dite bran et dessus de culotte..........	1 30 à 1 40	26		6
	TOTAL de la 1ʳᵉ qualité..	....	......	144ᵏ	...... 31 5 %
	2ᵉ QUALITÉ.				
7	Surlonges, dites côtes ou croquart et découvertes......	1 20 à 1 30	42 6		9 3 %
8	Raccourcis épais ou épaisses raccourcissures.........	1 20 à 1 30	27		6
9	Haut de grasset dit l'Y et Y..	1 20 à 1 30	22		4 7
	TOTAL de la 2ᵉ qualité..	....	......	91 6	...... 20 %
	3ᵉ QUALITÉ.				
10	Épaule....................	1 20	44		9 6 %
11	Plates-côtes, dites minces et moyennes raccourcissures..	1 20	30		6 6
12	Flanchets.................	1 20	31		6 7
13	Pis de bœuf ou poitrine, poitrine ou tendon..........	1 10 à 1 20	42 4		9 3
14	Collier, dit attinte et découvert.	0 80 à 0 90	24		5 2
15	Trumeau ou gîte.. { jarret de / jarret de derrière { dit muteau..... devant, {	0 80 0 80	30 21		6 6 4 5
	TOTAL de la 3ᵉ qualité..	....	......	222 4	...... 48 5 %
	TOTAL des trois qualités..	....	......	458	...... 100 %

c. — Coupe d'un bœuf de boucherie, à Nantes.

C'est un bœuf choletais que le dessin suivant a eu la prétention de représenter. On Je suppose du poids de 340 kil.,
chair nette. On a établi ce poids moyen dans la proportion
de 53 pour 100 du poids vif, ce qui suppose que le bœuf
pèse 740 kilogr. sur pied.

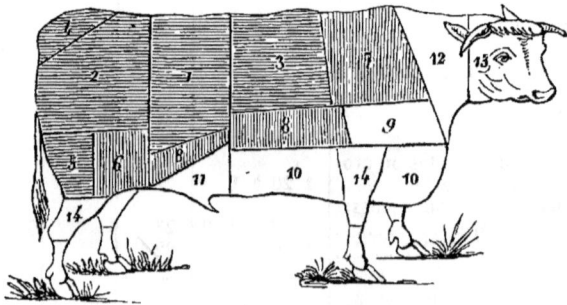

Figure C.

Légende de la figure C.

NUMÉROS d'ordre.	NOMS DES MORCEAUX.	PRIX du kilogr.	POIDS présumé de chaque morceau.	VALEUR du morceau.	VALEUR de chaque qualité de viande.	POIDS de chaque qualité de viande.
	1ʳᵉ QUALITÉ.	f. c.	k.	f. c.	f. c.	k.
1	Aloyau, filet intérieur........	1 00	30	30 00		
2	Bœuf de queue ou culotte.....	0 90	36	32 50		
3	Côtes de bœuf couvertes.......	0 90	30	27 00		
4	As de pique.................	1 00	4	4 00		
5	Noix de bœuf grasse..........	0 90	18	16 20		
	TOTAL de la 1ʳᵉ qualité..........		118	109 70	100 70	118
	2ᵉ QUALITÉ.					
6	Talon de bœuf..............	0 85	14	11 50		
7	Basses côtes (portion d'épaule comprise).................	0 85	35	29 75		
8	Poitrine de bœuf ou milieu de poitrine...................	0 80	24	19 20		
	TOTAL de la 2ᵉ qualité..........		73	60 45	60 45	73
	3ᵉ QUALITÉ.					
9	Devant de poitrine, gros bout ou moucheron.............	0 80	34	27 20		
10	Basse poitrine, fuseau ou brochet...................	0 80	30	24 00		
11	Flanc ou la lougère..........	0 80	20	16 00		
12	Collet.....................	0 60	21	12 60		
13	Tête et langue..............	0 30	14	4 20		
14	Trumeaux de jambes........	0 60	30	18 00		
	TOTAL de la 3ᵉ qualité..........		149	102 00	162 00	149
	TOTAUX des 3 qualités........				272 15	340

d. — Coupe d'un bœuf à la boucherie de Bordeaux.

À Bordeaux, ce n'est plus une moyenne qu'on a cherchée et dont on a donné le rendement-type, mais une individualité. Il s'agit alors d'un animal préparé pour le concours, d'une bête de très-belle qualité par conséquent, et à laquelle le jury avait décerné le second prix de race en 1849. Il appartenait à la race agenaise, était âgé de 8 ans et pesait, à l'abattoir, 907 kilogr., poids vif.

Figure D.

Légende de la figure D.

NUMÉROS DES DIVISIONS.	DIVISIONS PRINCIPALES.	POIDS pour UN BOEUF agenais. — 2e prix.	SUBDIVISIONS.	POIDS.	PRIX du KILOGRAMME de chaque morceau.
	1re QUALITÉ.	k.		k.	f. c.
1.	Esquinos.............	134	Côtes fines........	44	1 00
			Aloyau..........	46	1 40
			Couhaut (culotte)..	44	1 20
2.	Cuisse..............	138	Dessus...........	42	1 20
			Ouverture........	30	1 00
			Dessous..........	56	1 30
			Os sortis.........	10	0 00
	Poids total de la 1re qualité....	272			
	2e QUALITÉ.				
3.	Caprain.............	172	Aiguillette........	20	1 00
			Veine............	20	0 90
			Caprain..........	52	1 00
			Entre-côtes.......	80	0 90
	Poids total de la 2e qualité.....	172			
	3e QUALITÉ.				
4.	Flanchet............	72	Suif............	36	1 00
			Flanchet.........	36	0 90
5.	Poitrine............	76	Suif............	26	1 00
			Poitrine.........	50	0 70
6.	Épaule.............	56	Epaule..........	42	0 70
			Jarret...........	14	0 50
7.	Col................	38	Col.............	38	0 50
8.	Jarret.............	16	Jarret..........	16	0 50
	Rognon.............	50	Rognon.........	50	1 00
	Poids total de la 3e qualité.....	308			
	Poids total des trois qualités.	752		752	

e. — *Coupe d'un bœuf à la boucherie de Nîmes.*

Le travail a été fait *grosso modo* pour le concours de Nîmes. On n'indique ni race ni individualité quelconque; ni à quelle source ont été recueillis les renseignements. C'est une moyenne générale, selon toute apparence. S'il en était autrement, il est probable qu'on aurait spécifié le cas.

Le bœuf sur lequel on a figuré la coupe au détail, d'après les usages de la boucherie de Nîmes, donne, invariablement, le type durham; la légende n'est pas écrite avec le soin qui a présidé à la rédaction des légendes rapportées plus haut; elle ne donne ni le poids ni le prix des morceaux. Nous établissons, nous-même, le tableau qui n'a pas été dressé, sans pouvoir, pourtant, y insérer les documents qui manquent.

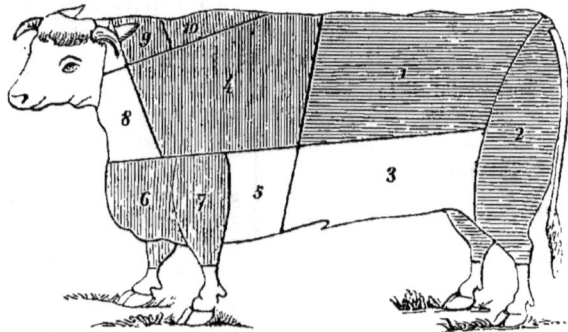

Légende de la coupe d'un bœuf de boucherie, à Nîmes.

NUMÉROS d'ordre.	NOMS DES MORCEAUX.	POIDS de CHAQUE QUANTITÉ de viande.	
	1re QUALITÉ.		
1	Fausse côte......................	»	
	Filet...........................	»	
	Aloyau.........................	»	
2	Cuisse.........................	»	
	2e QUALITÉ.		
4	Poitrine.......................	»	
6	Grumeau...	»	
7	Epaule.........................	»	
9	Côtes basses...................	»	
0	Côtes couvertes................	»	
	3e QUALITÉ.		
3	Muscles du ventre.............	»	
5	Peau du flanc.................	»	
8	Collet.........................	»	

En l'absence de toute indication de poids des morceaux, il n'y a aucune comparaison possible. Nous voyons seulement que le poids moyen des bœufs d'approvisionnement de la boucherie de Nîmes flotte de 550 à 470 kilogr., poids vivant, et de 315 à 260 kilogr., poids mort. Nous trouvons, en outre, que les bœufs primés en 1851, époque à laquelle se rapporte la publication du travail précédent, ont donné, en viande nette proportionnellement au poids vif, savoir :

1 bœuf de l'Aveyron, 58 1/2 pour 100 ;

1 — d'Aubrac, 61 pour 100 ;

6 — de bande de l'Aveyron, 61 2/5 pour 100,

Et 1 bœuf du Quercy, 65 pour 100.

f. — Coupe d'un bœuf de boucherie, à Lyon.

Le travail est beaucoup moins complet encore pour le concours de Lyon. Il est vrai, si nous ne nous trompons, qu'il est le plus anciennement fait, car il date de 1847, et il n'a été, pour ainsi dire, qu'un jalon posé sur la route à suivre. Il est donc regrettable qu'il n'ait pas été revu et que, pour le refaire, on n'ait pas recueilli des renseignements plus précis à mettre à la place de ces premières données, sur l'exactitude desquelles il n'y a peut-être pas beaucoup à compter.

Le dessin que nous reproduisons donne toujours le même portrait. Il montre la ligne de section suivant laquelle les quartiers de devant sont séparés des deux quartiers de derrière après que l'animal a été fendu, suivant sa longueur, dans le canal vertébral. C'est entre la douzième et la treizième côte que cette section est pratiquée. Chaque région porte le nom particulier que lui ont donné les bouchers, et la distinction des morceaux en première, deuxième et troisième qualité ne se trouve pas rigoureusement indiquée. On n'a fait connaître le poids d'aucun.

On a dit seulement : L'ensemble des deux quartiers de devant, exclusivement composés de viande de deuxième et troisième qualité, donne, en poids moyen, pour les bœufs de concours, 55,40 pour 100 du poids total de la viande nette, et les deux quartiers de derrière, fournissant en majorité des viandes de première qualité, seulement 46,60 pour 100.

Cette estimation n'a pas la précision désirable. Nous formons le tableau suivant des indications données par le dessin, plus pour en faire ressortir l'insuffisance que pour tout autre motif.

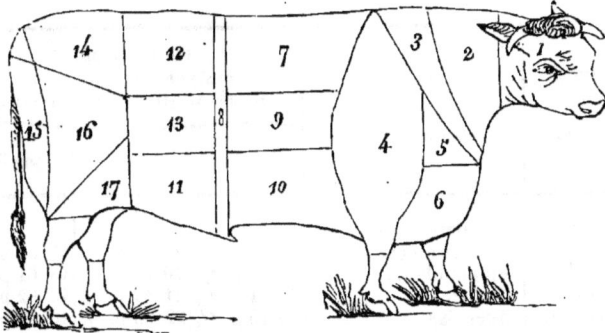

Légende de la coupe d'un bœuf de boucherie, à Lyon.

QUARTIERS.	NOMS DES MORCEAUX.	
	1ʳᵉ QUALITÉ EN MAJORITÉ.	
QUARTIERS DE DERRIÈRE.	Aloyau. Cime d'aloyau. Coire. Veine. Filet. Hampe. Leiche.	46 60 p. % du poids total de la viande nette.
	2ᵉ ET 3ᵉ QUALITÉ.	
QUARTIERS DE DEVANT.	Courtes côtes. Trinquette. Petits os. Epalard. Cœur des côtes. Grémot. Collet.	53 40 p. % du poids total de la viande nette.

Si nous laissons en dehors les deux derniers concours, ceux de Lyon et de Nîmes, nous pouvons rapprocher les résultats accusés pour les quatre autres et les montrer dans le même tableau, de manière à ce que l'œil puisse en saisir plus facilement les différences.

LIEUX de CONCOURS.	RACE des BOEUFS PRIMÉS.	PROPORTIONS DES MORCEAUX AU POIDS sur 100 kilogrammes de chair nette.		
		1re qualité.	2e qualité.	3e qualité.
Poissy...	Normande, sainton-geoise ou choletaise.	31 08 p. %	26 26 p. %	42 66 p. %
Lille.....	Flamande..........	31 49 p. %	20 00 p. %	48 61 p. %
Nantes...	Choletaise..........	34 71 p. %	21 47 p. %	43 82 p. %
Bordeaux.	Agenaise...........	36 16 p. %	22 86 p. %	40 98 p. %
	MOYENNE.....	33 35 p. %	22 64 p. %	44 01 p. %

Nous ne voulons attacher aucune réflexion à ces résultats ; il nous aura suffi de les mettre en saillie pour faire comprendre la nécessité de reviser ce travail sous l'influence d'une seule et même pensée, afin que, d'études comparatives plus complètes et plus exactes, on puisse arriver à une conclusion moins attaquable et plus absolue.

Si nous examinons maintenant la coupe du bœuf de boucherie, à Londres, nous trouverons des chiffres bien différents, et ceux-ci seront tout entiers à l'avantage de l'élève et de l'engraissement chez nos voisins. Le dessin que nous donnons de cette coupe présente déjà quelques cas dissemblables ; mais là n'est pas ce qui nous frappe le plus. La principale différence, en effet, est dans la proportion, beaucoup plus élevée, des morceaux que le boucher peut classer dans la première qualité de viande, et dans la proportion, très-affaiblie, du poids de ceux qu'il qualifie de troisième et de quatrième qualité. Quoi qu'il en soit, voici le dessin et la légende. Il s'agit d'un bœuf courte-corne, âgé de 4 ans et de qualité ordinaire, sur le marché. Son poids était de 1,032 livres anglaises, ou 467ᵏ,500.

Légende de la coupe d'un bœuf de boucherie, à Londres.

	NOMS DES MORCEAUX.	
1ʳᵉ QUALITÉ.	1 Aloyau et filet. 2 et 3 Culotte et pointe de cu- lotte. 4 Gîte à la noix. 10 Côtes fines (*fore ribs*).	217 09 ou 46 43 p. °/₀.
2ᵉ QUALITÉ.	5 Pointe du gîte à la noix. 6 Tende de tranche. 7 Tranche grasse. 11 Côtes moyennes (4). 13 Paleron (partie exté- rieure).	113 31 ou 24 16 p. °/₀.
3ᵉ QUALITÉ..	8 et 14 Pis de bœuf (*thin flank* et *brisket*). 12 Trois côtes antérieures (partie interne sous le paleron).	137 10 ou 29 41 p. ª/₀.
4ᵉ QUALITÉ..	15 Pis de bœuf (*clod*). 16 Collier. 9 et 17 Gîtes de derrière et de devant. 18 Joue.	

Ces chiffres ont une haute signification et méritent bien

que tous les producteurs et tous les engraisseurs s'y arrêtent.

Que, si l'on veut s'attacher à relever, entre autres, un détail important, on trouvera que, réunis, l'aloyau et le filet pèsent :

A Nantes. . . .	30 kilogr.
A Lille.	35
A Bordeaux. . .	46
A Paris.	57
A Londres. . . .	64

Quoique nous aimions beaucoup le cheval, qui est noble entre tous les animaux, nous n'avons jamais pu nous rappeler, sans sourire, l'acte extragouvernemental de cet empereur romain qui avait élevé son cheval, *Incitatus*, à la dignité de pontife, et qui, rêvant de le nommer consul, faisait porter devant l'animal les faisceaux du consulat. En Angleterre, où l'on ne manque pas d'estime pour l'espèce chevaline, celle du bœuf joue assurément un rôle plus important encore dans l'économie sociale de la nation. Après Nelson et Wellington, dit M. de la Tréhonnais, après ces deux hommes qui personnifient la gloire maritime et militaire de ce pays, il n'y a rien au monde dont un Anglais soit plus fier que de son *roast-beef*. « L'aloyau est noble, et de bonne et antique noblesse encore; un des rois de la vieille Angleterre, je ne sais plus lequel, l'a fait chevalier; un autre a fait un baron du double aloyau, et, dans un avenir plus ou moins rapproché, le bœuf sera duc et pair, qu'on n'en doute pas, et ce n'est que justice... » Nous ne songeons plus à élever aucune objection contre cette candidature, maintenant que nous connaissons ces deux chiffres :

Poids de l'aloyau et du filet, à Nantes, chez un bœuf de concours, 30 kilogr. ;

Poids de l'aloyau et du filet, à Londres, chez un bœuf ordinaire, 64 kilogr.

§ VII. — Renseignements sur la boucherie dans les chefs - lieux de concours. — Question du rendement.

La production raisonnée des animaux de boucherie est une opération très-compliquée. Beaucoup s'y livrent sans se douter le moins du monde des importantes questions qu'elle soulève. Ils remplissent, à ce sujet, le seul rôle qui incombe aux masses. Pour faire faire des prodiges de valeur à une grande armée, il n'est besoin que d'un habile général ; les soldats de la grande armée agricole n'ont besoin que d'être disciplinés et vaillants pour produire d'immenses résultats ; mais ils n'obéiront qu'à bon escient ; avant de changer leurs pratiques, leur routine même, ils y regarderont toujours à deux fois. Tant d'innovations leur ont été recommandées avant qu'une réelle utilité ait justifié les recommandations ; tant de revers ont signalé la carrière des plus ardents, qu'ils sont devenus un peu froids devant le progrès, et qu'ils ne s'engagent dans une voie nouvelle qu'avec une extrême prudence et qu'après mille hésitations. Ils redoutent à bon droit *les écoles*, car ce n'est point à eux à en supporter les pertes. Ils sont faits pour marcher à coup sûr, non pour les expérimentations hasardées, et ils remplissent toute leur tâche quand ils ne livrent rien à l'imprévu. C'est la routine des masses qui assure l'existence de tous ; ce sont les perfectionnements réalisés par le petit nombre qui sortent les masses de l'ornière et poussent aux grandes améliorations du sein desquelles sort l'accroissement de la richesse publique.

Appliquant cette observation au sujet qui nous occupe, il n'y a point à s'élever contre la masse des producteurs de bétail qui n'ont point accepté, avant de les mieux connaître, les races nouvelles qu'on leur conseillait de mettre à la place des anciennes ; elles sont restées fidèles à leur rôle, mais il faut louer beaucoup ceux qui se sont mis résolûment à la tête de cette réforme devenue urgente, et il faut aider au résultat qu'ils se sont proposé, s'il est démontré que ce résultat doit être un bienfait pour la société entière.

Quelles races d'animaux profitent le plus des nourritures nécessaires à leur entier développement et, par conséquent, rapportent le plus à l'éleveur, tout en fournissant le plus de viande à la consommation et au plus bas prix possible ? Telle est la question qu'on a voulu faire résoudre pratiquement à l'industrie de bétail en l'appelant à mesurer, dans des concours spéciaux, le mérite propre aux diverses races cultivées dans le pays.

Où en est cette solution après dix ans bientôt de travail et de recherches ? C'est assurément un laps de temps trop court pour un résultat définitif; mais de précieux matériaux ont été recueillis, et c'est pousser droit au but que de chercher aussi à ce que ces matériaux ne soient pas perdus pour les résultats à venir.

La question du rendement des animaux de boucherie est double ; elle connaît tout à la fois de la proportion la plus élevée du poids de la chair relativement au poids vif, et de la quantité la plus considérable de viande de haute boucherie, en première et deuxième qualité.

Ce serait un immense travail à faire dans les six chefs-lieux de concours que de suivre le rendement de tous les animaux primés, année par année, à partir du commencement de l'institution. Cela nous entraînerait aussi à des développements qui dépasseraient de beaucoup les limites que nous sommes forcé de nous imposer ; cela nous conduirait, d'ailleurs, à reproduire, sans grande utilité, des tableaux nécessairement très-compliqués et dont l'étude, aride s'il en fut, est, par cela même, abandonnée. Ces divers motifs nous ont engagé à ne donner, pour chaque concours, que les moyennes comparées des deux premières et des deux dernières années. Les différences entre ces deux termes, s'il nous est possible de les établir, pourront être considérées comme la somme des progrès obtenus ; des moyennes d'ensemble pour tous les concours réunis nous ont paru devoir fausser un peu le résultat général, par la raison que les habitudes de la boucherie varient, ainsi que nous l'avons vu, et que les divers rendements ne peuvent réellement être comparés qu'à eux-mêmes.

Nous entrons en matière par le concours de Nantes, le dernier venu dans l'institution, et nous remonterons en suivant le même ordre jusqu'au plus ancien.

a. BOUCHERIE A NANTES. — La boucherie est complétement libre à Nantes et ne forme pas de corporation ; on y distingue pourtant plusieurs classes de bouchers : — Ceux qui résident en ville, qui ont un étal toujours approvisionné, qui payent patente et qui tuent à l'abattoir, on en comptait 66 en 1852 ; — ceux qu'on nomme *forains* parce qu'ils ne sont pas domiciliés à Nantes, qui payent patente également et vendent en détail, sur le marché, de la viande morte, dite *dépecée*, qu'ils ont ainsi apportée du dehors, ils étaient au nombre de 18 à la même époque ; — puis les *chevillards*, au nombre de 50, autres patentés qui ont le droit de tuer à l'abattoir de la ville, qui vendent en détail, sur le marché, de la viande dépecée, et en demi-gros aux détaillants ; — les *mercandiers* enfin, marchands non patentés qui montent leur étal sur le marché, deux fois par semaine et qui ne tuent pas à l'abattoir. La statistique de la profession avait fait état de 17 personnes de cette catégorie, soit en tout 151.

La liberté de la boucherie, à Nantes, date de 1793, et l'opinion publique pense que ce régime a exercé une heureuse influence sur le prix et la qualité de la viande offerte à la consommation.

Les bouchers achètent habituellement le bétail à la pièce; quelquefois, cependant, ils exigent que le vendeur garantisse — soit le poids net, — soit une certaine quantité de suif.

Les poids moyens des animaux destinés à l'approvisionnement de la ville de Nantes ont subi des variations assez notables.

Ainsi, de 1815 à 1830, le poids du bœuf est prisé, viande nette, 317 kilogr., dont le prix moyen est de 1 fr. 02 cent.

De 1830 à 1842, il descend à 300 kilog., et le prix s'élève à 1 fr. 39 cent.

De 1842 à 1850, le poids moyen se relève à 340 kilogr., dont le prix ressort à 1 fr. 07 cent.

Le poids moyen du veau, viande nette, se fixe :

De 1815 à 1830, à 29 k., payé en moy. 0 f. 94 c. 48
De 1830 à 1843, à 30 k.,   —   1   11   23
De 1844 à 1850, à 34 k.,   —   1   05   67

Pour le mouton, le poids moyen en est fixé à 20 kilogr. jusqu'en 1843 et à 25 kilogr. de 1844 à 1850.

Ces données ne sont pas assez répandues; elles témoignent déjà en faveur de l'amélioration des races de bétail; elles prouvent, tout au moins, qu'elles ne sont pas restées stationnaires, et que l'agriculture accomplit lentement son œuvre.

Les commissions chargées de constater le rendement des animaux de concours ne parviennent que très-difficilement à remplir d'une manière très-incomplète leur mandat. Les animaux primés ne sont que bien rarement abattus à Nantes, la plupart finissent à l'abattoir de Paris.

Il en résulte que les renseignements sont peu nombreux: ceux que nous avons relevés pour les années 1852 et 1853 viennent, tout à la fois, de l'abatage d'animaux exposés hors concours par l'école régionale de Grand-Jouan et d'animaux primés ; les documents officiels n'ayant pu en présenter aucun pour 1855, nous avons pris ceux de 1854 et de 1856.

Tout cela ne forme qu'un mince contingent, trop mince

pour former deux groupes se rapportant, le premier à l'époque la plus éloignée, le second aux années les plus rapprochées. La question d'âge a fait obstacle, nous avons dû alors établir deux divisions, basées sur ce dernier terme, et nous donnons les chiffres du rendement moyen des deux catégories, comme ci-après :

1er *groupe*. 3 bœufs 1/4 sang et 1 bœuf 3/4 sang durham-breton, 1 bœuf 7/8 de sang durham-nantais et 1 durham-choletais, en tout 6 de 4 ans et au-dessous.

2e *groupe*. 1 bœuf de race nantaise, 2 de race choletaise, 1 manceau, 4 bretons et 1 de demi-sang durham-breton, en tout 9 bêtes de 4 ans 1/2 à 9 ans.

	4 ANS et au-dessous.	4 ANS 1/2 à 9 ans.
	k.	k.
Poids vif moyen à l'abattoir..........	710 33	776 33
Proportion des 4 quartiers seuls au poids vif moyen.....................	61 15 p. %	59 81 p. %
Proportion du poids du suif au poids vif (1).....................	11 55 p. %	12 05 p. %
Proportion du cuir au poids vif........	5 70 p. %	5 88 p. %
Proportion du poids des issues au poids vif (2).....................	21 60 p. %	22 26 p. %

Ces chiffres sont à l'avantage des animaux les plus jeunes. Cependant les extrêmes font bien mieux ressortir encore les différences. Ainsi, prenant 1/4 sang durham-breton de 5 ans, et 1/2 sang de même origine, nous avons les chiffres suivants :

(1) Le poids des rognons de graisse est compris dans le suif.
(2) On donne le nom d'issues aux pieds et patins, canard ou os du nez, poumons et cœur, foie et rate, langue, sang, intestins, excréments, déchets.

	3 ANS.	9 ANS.
	k.	k.
Poids vif à l'abattoir..............	651	625
Proportion des 4 quartiers seuls au poids vif...............................	63 59 p. %	53 44 p. %
Proportion du poids du suif au poids vif.	12 32 p. %	10 48 p. %
— du poids du cuir au poids vif.	5 22 p. %	5 68 p. %
— du poids des issues au poids vif..............................	18 87 p. %	30 40 p. %

Le bœuf âgé a été abattu en 1852; l'autre appartient à l'année 1853.

Les rendements constatés à l'abattoir, pour l'espèce ovine, ne concernent que 2 lots de moutons en 1854 et 6 autres en 1856. Les documents ont été publiés sous des formes différentes; pour en rendre la comparaison plus facile, nous les avons ramenés tous à la même formule en ne prenant que 2 lots également dans la dernière année.

Nous formons deux groupes, comme nous l'avons fait pour le gros bétail. Le premier est composé d'un lot de south-downs-berrychons âgés de 20 mois, et d'un lot de moutons de race charmoise âgés de 25 mois, soit dix têtes. Le second comprend deux lots de cinq têtes chacun, également âgés, l'un et l'autre, de 36 mois. — Le premier de race bretonne des Landes, le deuxième de race de Mortagne.

	25 MOIS.	36 MOIS.
	k.	k.
Poids vif moyen pour un lot de 5 moutons................................	273 50	262
Proportion de 4 quartiers seuls au poids vif moyen...........................	61 92 p. %	57 98 p. %
Proportion du poids du suif au poids vif...........................	8 22 p. %	8 23 p. %
Proportion du poids des peaux au poids vif...........................	6 92 p. %	6 41 p. %
Proportion du poids des issues au poids vif...........................	22 94 p. %	27 38 p. %

La supériorité du premier groupe est manifeste.

Les rendements sur l'espèce porcine n'ont été constatés qu'une seule fois, en 1856 ; sur deux sujets primés, — premier prix l'un et l'autre, chacun dans leur catégorie. Le premier était un new-leicester, le second un craonnais. Nous ne savons pas jusqu'à quel point les constatations ont été rigoureuses ; une partie du poids vif ne se retrouve ni dans l'un ni dans l'autre.

Nous avons tenu compte de la différence, assez forte, sous cette appellation, *déchet*. Averti, le lecteur saura interpréter ce mot comme il convient.

Nous avons eu aussi plusieurs erreurs de chiffres à rectifier précédemment ; ce n'était peut-être que des fautes de typographie. Quiconque a, dans sa vie, corrigé des épreuves chargées de chiffres sait combien de fautes échappent malgré l'attention la plus soutenue.

Quoi qu'il en soit, voici les rendements comparés :

	PORC new-leicester.	PORC craonnais.
	k.	k.
Poids vif au moment du concours......	195	220
Proportion du poids de viande nette, tête et pieds compris au poids vif........	83 84 p. °/°	80 68 p. °/₀
Proportion du poids de la fressure , des ratis et crépines au poids vif.	3 36 p. °/₀	4 78 p. °/₀
Proportion du poids des issues au poids vif.	4 51 p. °/₀	5 97 p. °/₀
Proportion du *déchet* au poids vif......	8 29 p. °/₀	8 57 p. °/₀

La supériorité appartient encore à la race anglaise perfectionnée.

Elle est marquée pour les trois espèces, et ce fait, très-heureusement, n'a pas échappé aux éducateurs de bétail de la contrée.

b. BOUCHERIE A NÎMES. — Comme à Nantes, le commerce de la boucherie est complétement libre à Nîmes.

Les bouchers achètent au poids, et toujours viande nette.

Les documents publiés sur le rendement des animaux primés n'offrent ici qu'une quasi-certitude; on les obtient avec peine, et ils ne sont pas présentés dans un cadre uniforme : nous ferons tous nos efforts pour les ramener à une même formule. La perfection ne vient qu'après bien des tâtonnements, de même que la vérité est obligée de se faire jour à travers toutes les erreurs qui commencent toujours par l'obscurcir.

En 1854, nous n'avons que des bœufs de 6 à 8 ans, au nombre de neuf : ils sont du Quercy, de l'Aveyron et d'Aubrac, noms bien connus parmi ceux qu'on donne aux races bovines françaises; nous n'en formerons qu'un seul et même groupe, et nos chiffres traduiront seulement les moyennes.

Le second groupe comprend six bœufs de plus de 5 à 10 ans, tous d'Aubrac, moins un de la race de Salers, et primés en 1855 et 1856; il n'offre que les moyennes, afin de simplifier.

Un troisième, enfin, donne les chiffres du rendement de deux bœufs de 35 et 40 mois, l'un durham-charolais, l'autre schwitz-anglo-charolais, primés également en 1855 et 1856.

	6 à 8 ANS.	5 à 10 ANS.	35 à 40 MOIS.
	k.	k.	k.
Poids vif à l'abattoir.....	744	782 50	810 50
Proportion des 4 quartiers seuls au poids vif.....	61 30 p. %	62 27 p. %	62 31 p. %
Proportion du poids du suif au poids vif.......	5 43 p. %	5 36 p. %	7 34 p. %
Proportion du poids du cuir au poids vif......	6 17 p. %	5 81 p. %	6 09 p. %
Proportion du poids des issues au poids vif...	27 10 p. %	26 56 p. %	24 26 p. %

Les variétés de l'espèce ovine sont nombreuses dans la circonscription des éleveurs qui envoient des lots de mou-

tons au concours de Nîmes. Peu connues au dehors, elles
sont mieux appréciées dans la région.

Nous en formerons deux groupes : celui des vieux, désigné, en 1851, par ces mots : — moutons de plus de 3 ans ;
et en 1855 et 1856 par leur âge réel, — 3 et 4 ans. Ce premier groupe présente les moyennes de deux lots de dix têtes
chacun pour 1851 et de six lots de même importance pour
les dernières années.

Le groupe des jeunes offre, pour 1851, les chiffres moyens
du rendement d'un lot composé de dix bêtes et, pour 1854
et 1855, de cinq lots pareils.

Dans les deux groupes, il n'y a que des races locales, à
l'exception d'un lot, parmi les jeunes, qui se présente avec
cette désignation : southdown-barbarine.

	PLUS de 3 ANS (1858).	3 et 4 ANS (1855 et 1856).
	k.	k.
Poids vif moyen d'un lot de 10 moutons (vieux)....................	588	560 33
Proportion des 4 quartiers seuls au poids vif....................	56 58 p. %	59 16 p. %
Proportion du poids de suif au poids vif.	9 29 p. %	7 14 p. %
Proportion du poids des peaux au poids vif....................	6 08 p. %	5 67 p. %
Proportion du poids des issues au poids vif....................	28 05 p. %	28 03 p. %

	3 ANS AU PLUS (1851).	AU-DESSOUS de 3 ans (1854 et 1855).
	k.	k.
Poids vif moyen d'un lot de 10 moutons (jeunes)........................	493	538 60
Proportion de 4 quartiers seuls au poids vif........................	57 54 p. %	59 16 p. %
Proportion du poids du suif au poids vif.	6 58 p. %	8 22 p. %
Proportion du poids des peaux au poids vif....................	8 11 p. %	6 08 p. %
Proportion du poids des issues au poids vif....................	27 77 p. %	26 54 p. %

Le progrès est marqué entre les deux époques. L'agriculture a donc répondu à l'intention du concours ; et d'abord, la voilà qui livre à 12 mois des animaux à la consommation quand elle ne les lui donnait guère avant 3 ans révolus, et puis elle a augmenté en 4 ans le poids de chaque bête de 4 kilogrammes 56, viande nette ; c'est peu, sans doute, d'une manière absolue, mais relativement c'est très-considérable, et si toute la population ovine de la contrée s'était brusquement élevée à ce niveau sur tous les points, sait-on bien à quel chiffre monterait cette augmentation de produits qui accroît la somme des richesses, tout en satisfaisant plus largement aux impérieux besoins de l'alimentation ?

Année moyenne, on abat à la boucherie de Nîmes, en chiffres ronds, 100,000 moutons. Le mince progrès que nous venons de constater, s'il était réalisé dans tous, donnerait une augmentation de près de 500,000 kilos de viande nette. Tel est, en définitive, le résultat que l'on est en voie d'obtenir comme point de départ d'une amélioration plus considérable encore.

Les comptes rendus de 1853, 1854 et 1856 ont donné les constatations du rendement de sept porcs primés. L'âge de ces animaux varie de 11 mois à 4 ans. Tous sont de race étrangère. Les chiffres qui suivent donnent la moyenne du groupe entier et les rendements proportionnels fournis par le plus vieux et par le plus jeune. Il n'y a aucune conclusion à tirer ; mais les données sont bonnes à enregistrer.

	MOYENNE des 7 porcs primés.	PORC de 4 ans.	PORC de 11 mois.
	k.	k.	k.
Poids vif moyen, le jour de l'abatage	251	353	180
Proportion du poids de viande nette, tout compris, au poids vif.	86 86 p. %	84 91 p. %	85 55 p. %
Proportion du poids des issues et des déchets au poids vif.	13 14 p. %	15 09 p. %	14 45 p. %

Si les mêmes résultats se reproduisent invariablement dans tous les concours, il faudra pourtant bien y croire.

c. — BOUCHERIE DE LILLE. — Le commerce de la boucherie est libre à Lille, dont l'approvisionnement se fait sans l'intermédiaire d'aucun service public ; il n'y a ni commissionnaires en bestiaux, ni caisse analogue à celle de Poissy. Les transactions entre l'engraisseur et le boucher se font toutefois sur différentes bases. Tantôt l'animal est vendu sur pied en masse, tantôt au kilogramme du poids vif. Quelques engraisseurs, parmi les fabricants de sucre, pourvus de bascules, — instrument dont l'usage tend à se généraliser chez les particuliers, — vendent souvent au kilogram. du poids mort. Alors l'animal est pesé, — rognons dehors.

A Lille, comme partout où la perception du droit n'a lieu qu'au moment de l'abatage, les bouchers privent les animaux de nourriture pendant les vingt-quatre heures qui précèdent la mort.

« Les tripes sont dégraissées complétement, et tout le suif pesé sans qu'il en soit rien détruit ; à la différence de ce qui se fait à Paris, on y réunit la graisse des rognons et des coussinets graisseux qui les environnent ; les rognons de chair sont pesés séparément comme issues ; le poids est de 2 kilogr. environ.

« Le suif des rognons ne se trouve pas compris dans le poids de la viande nette comme à Paris et dans quelques villes du département du Nord même. On estime que cette ablation des rognons de graisse établit, au préjudice de la viande nette, une différence de 6 pour 100, en moyenne. »

Ces observations et d'autres qui déjà se sont trouvées sous notre plume prouvent qu'il est très-difficile d'établir des comparaisons rigoureuses entre les rendements d'animaux de mêmes races abattus sur des points différents. Il y a lieu à tenir compte de trop grandes et trop nombreuses différences pour que l'erreur ne se glisse pas dans l'un des menus détails qui les grossissent.

En voici un exemple que nous tirons encore des documents officiels :

« Pour rendre comparatifs avec ceux de Paris les rendements de Lille, il faut faire subir aux chiffres des proportions les modifications suivantes :

« *Bœufs.* — Viande nette. Il faut y ajouter 1° environ 6 pour 100 pour le poids des rognons de graisse ; 2° et pour la portion de la tête, qui reste, à Paris, adhérente aux quatre quartiers, 1 1/2 pour 100, soit, en tout, 7 1/2 pour 100.

« *Suif.* — Il faut, au contraire, déduire du suif comparé au poids vif les 6 pour 100 des rognons de graisse, puis la différence résultant de la proportion devenue plus forte du poids vif par l'adjonction des rognons de graisse à la viande nette.

« Exemple, soit une vache donnant, en comptant les rognons avec le suif,

« Poids vif....................... 805 k.
« Viande nette.................... 496
« Suif........................... 104
« Proportion du suif à la viande..... 21 80 p. %.

« Si on calcule comme à Paris, on aura :

« 1° Augmentation de la viande nette par l'adjonction de portion de la tête, $1^k,5$ pour 100, soit.   7 kil. 44.

« 2° Pour les 6 pour 100 du suif. . . 29   76.

TOTAL. . 37   10.

« $37^k,10$ à ajouter à 496 kilogr. donnent, en rendement net, d'après le mode de calcul de Paris, $543^k,10$.

« Les proportions se trouvent alors modifiées de la manière suivante :

	Système de Lille.	Système de Paris.
« Poids vif..................	805 k.	805 k.
« Poids net..................	496	554 34
« Proportion du poids net au poids vif..............	61 p. %	67 61 p. %
« Suif..	104 k.	74 k. 24
« Proportion du suif aux quatre quartiers..............	21 80 p. %	15 31 p. %.

« Cet exemple fait ressortir la grande différence qui peut exister dans les rendements suivant la diversité des habitudes de la boucherie. Cette diversité est la principale cause des disparates entre les chiffres donnés par les écrivains qui se sont occupés du calcul des rendements des animaux de boucherie. »

Les vaches forment la masse de la consommation en viande des villes du Nord, et notamment de Lille ; on les y engraisse avec plus de soin que dans les autres régions de la France, et on les livre depuis longtemps au boucher à un âge moins avancé que les bœufs.

On a tenu compte, à Lille, antérieurement au concours d'animaux de boucherie, du rendement des bestiaux abattus, et l'on a estimé le rendement pour 100 du poids vif

à 55 pour le bœuf, la vache et la génisse,
à 64 pour les veaux,
à 50 pour les moutons,
à 78 pour les porcs.

Voyons ce qu'auront donné les animaux primés dans les concours.

Nous ne relevons les chiffres que pour les deux premières et les deux dernières années, c'est-à-dire pour 1850 et 1851, et 1855 et 1856.

Chacune de ces périodes présentera les moyennes dans deux groupes pour les bœufs, savoir :

Animaux de 3 ans au plus,

— de 4 à 8 ans.

	3 ANS AU PLUS.		DE 4 A 8 ANS.	
	3 bœufs.	9 bœufs.	6 bœufs.	5 bœufs.
Poids vif à l'abattoir..	734 66 k.	702 k.	939 33 k.	912 10 k.
Proportion des 4 quartiers seuls au poids vif...............	60 37 p. %	61 54 p. %	61 93 p. %	59 21 p. %
Proportion du poids du suif au poids vif.....	15 03 p. %	11 81 p. %	15 66 p. %	12 03 p. %
Proportion du poids du cuir au poids vif....	8 75 p. %	6 42 p. %	7 82 p. %	6 58 p. %
Proportion du poids des issues au poids vif..	15 85 p. %	20 23 p. %	14 59 p. %	22 18 p. %

Les bœufs primés dont les rendements ont été ainsi constatés appartenaient, parmi les jeunes, aux races flamande, durham-flamande, hollandaise et du Hainaut, et, parmi les vieux, aux races flamande, comtoise et normande...

En ce qui concerne le rendement des vaches, les tableaux ont été imprimés d'une manière si défectueuse en 1850 et 1851, que nous sommes obligé de renoncer à en produire des moyennes impossibles. Ce travail a été complétement défiguré à l'imprimerie. Il n'y a rien en 1852. Nos chiffres se rapportent au concours de 1853. Postérieurement à cette époque, on semble avoir renoncé, sinon aux constatations, du moins à la publication de ces dernières.

Au surplus, les seules données que nous puissions recueillir n'intéressent que deux bêtes de l'âge de 3 ans, l'une normande, l'autre flamande.

Poids vif moyen, à l'abattoir.............. 914 k.
Proportion des 4 quartiers seuls au poids vif. 59 54 p. °/₀
    —   du poids du suif au poids vif.... 17 64 p. °/₀
    —   du poids du cuir au poids vif.... 5 41 p. °/₀
    —   du poids des issues au poids vif. 17 41 p. °/₀

Il est bien regrettable que ces recherches n'aient pas pu être utilement poussées plus loin. Les concours de vaches sont la partie saillante des réunions de Lille, et elles y ont vainement plaidé, jusqu'ici, leur cause si étrangement perdue, à Paris, devant la taxe qui les classe injustement à un rang inférieur.

Le concours de vaches, à Lille, était tout à la fois dans les besoins et dans les habitudes de la région. Il a répondu, ainsi qu'on l'a dit, « aux réalités du présent, » il est venu « encourager ce qui est, parce que, en agriculture surtout, ce qui est a toujours sa raison d'être. »

Nous n'avons pas été plus heureux avec les quelques documents relatifs aux rendements des veaux ; les données qui les concernent ont besoin d'être recueillies en plus grand nombre et avec plus d'exactitude pour conduire sur la route d'une conclusion définitive.

Les chiffres que nous inscrivons dans ce travail n'ont pas
d'autre prétention que celle-ci : ils sont le point de départ,
imparfait et peu certain, si l'on veut ; mais il faut commencer et subir toutes les imperfections d'un début.

Si nous n'avions dû produire que des résultats positifs,
nous n'aurions pas donné les moyennes suivantes sur l'espèce ovine. Les documents dans lesquels nous puisons
nous ont semblé si défectueux et si erronés, que nous
renonçons à en former des groupes distincts ; c'est déjà
bien assez que de les donner en masse, sous couleur d'une
moyenne générale qui ne nous inspire aucune confiance.
Mais nous considérons déjà comme chose utile de dire notre
impression à cet égard, et d'appeler l'attention de qui de
droit sur la nécessité de faire mieux dans l'avenir.

Nos relevés portent ici, non plus sur des lots, mais seulement sur des individualités de tous les âges primées en
1850, 1851, 1855, 1856, et appartenant aux races flamande,
anglo-artésienne, anglo-mérinos, métisse mérinos et dishley-
artésienne. Il est fâcheux qu'aucun point de comparaison
utile n'ait pu être tiré de ces chiffres, et qu'il ait fallu nous
résigner à les donner tels quels, en les résumant dans une
seule moyenne, très-peu significative encore.

Cependant nous ne pouvions ni plus ni mieux.

Poids vif moyen, le jour de l'abatage........	75 k. 50
Proportion des 4 quartiers seuls au poids vif.	55 98 p. °/.
— du poids du suif au poids vif....	13 59 p. °/.
— du poids de la peau dépouillée au poids vif.................	5 57 p. °/.
— du poids des issues au poids vif..	24 86 p. °/°

Le rendement des animaux d'espèce porcine a eu quelque
peine à s'arrêter à une formule bien nette. Dans les com-
mencements, il n'a été que très-imparfaitement constaté, et
nous abandonnons, à dessein, tous les calculs auxquels nous
nous sommes livré pour arriver à une moyenne, attendu
que celle-ci n'aurait véritablement aucune valeur. Il en résulte que nous prenons les renseignements fournis en 1853

et 1856, seules années où ils se présentent sous une forme un peu élucidée, de nature, par conséquent, à inspirer un certain degré de confiance.

Nous ne trouvons que trois animaux et nous les produirons tous trois pour qu'un premier degré de comparaison existe ; ils viendront dans cet ordre : 1° porc de la grande race flamande, sans indication d'âge ; 2° porc de race française, âgé de 16 mois, et 3° porc de race étrangère ou croisée, ayant 15 mois. Il ne nous est pas permis d'être plus explicite, les renseignements font défaut.

	1.	2.	3.
	k.	k.	k.
Poids vif au moment de l'abatage..	274	297	223
Proportion du poids de la viande nette, pieds compris, au poids vif.	81 02 p. %	84 00 p. %	87 66 p. %
Proportion du poids de la tête, de la fressure, des ratis et crépines au poids vif...................	9 12 p. %	9 09 p. %	7 39 p. %
Proportion du poids des issues au poids vif...................	9 86 p. %	6 91 p. %	4 95 p. %

d. — Boucherie a Bordeaux. — Les documents officiels ne disent rien du régime sous lequel la boucherie fonctionne à Bordeaux. Par contre, ils font connaître des faits qui ont de l'importance quant à l'appréciation du rendement pris en lui-même ou comparé avec celui des animaux abattus dans les autres régions.

Et d'abord, en ce qui concerne les bœufs primés, l'usage s'est introduit à Bordeaux de les promener par la ville, pendant deux ou trois jours, avant de les envoyer à l'abattoir. Cette marche *triomphale* détermine une notable diminution dans le poids des animaux, et l'on cite un jeune bœuf, venu de Tonneins à Bordeaux, en bateau, qui a subi cette promenade, et qui a perdu, du 1er au 8 février, en sept jours conséquemment, 151 kilogr.

A l'abattoir, d'autres causes modifient les calculs relatifs au rendement. Les tripiers, qui monopolisent l'abatage, emportent les issues pour un prix déterminé, et reçoivent, comme rémunération, diverses parties de suif et de viande.

Comme viande, on a calculé quelque chose comme 20 à 25 kilog. par bœuf, qui restent au compte du rendement, à Paris, pris pour point de comparaison, et qu'on tient en dehors, à Bordeaux.

Comme suif, on estime à 7 ou 8 pour 100 de son poids total la partie ainsi abandonnée au tripier.

Enfin, la plupart des animaux étant achetés au poids mort, la boucherie a introduit l'usage d'un mode de pesage particulier duquel il résulte, pour le boucher, une bonification qu'on porte encore à 2 pour 100 environ, et qui se trouve, par là même, déduite du rendement réel de l'animal en chair nette.

C'est donc sous l'influence de ces observations que doivent être appréciés les chiffres des rendements constatés à la suite des concours de Bordeaux.

Ajoutons, cependant, que ces constatations ne méritent pas toute confiance. Rien, dans cette ville, n'est favorablement disposé pour des recherches de la nature de celles-ci. Considérées isolément, on peut s'en apercevoir plus ou moins; mais on est frappé de leur inexactitude plus réelle qu'apparente, lorsqu'on les compare aux chiffres relevés sur d'autres points.

Nous rappelant les observations précédentes que nous avons tirées, en substance, des publications officielles, nous nous attendions à trouver un déficit dans la proportion des rendements; les chiffres indiqueraient bien plutôt un bénéfice, nous avions formé quatre groupes : deux pour les jeunes bœufs et deux pour les vieux, en les prenant dans les premières et dans les dernières années du concours spécial à ce chef-lieu; mais les différences sont tellement insignifiantes, que nous avons pu confondre et les vieux et les jeunes des deux époques, et n'en présenter qu'une seule moyenne pour chaque groupe. Un fait ressort pourtant, et il est tout à l'avantage du présent, c'est l'augmentation du poids vif des animaux primés. Pour les jeunes, cette augmentation ne présente, en moyenne, que 22 kilogr., de 1849 à 1855; mais elle s'élève à 115 kilogr. pour les vieux. Ceci témoigne en faveur d'un engraissement plus complet et montre que, sous ce rapport au moins, les concours n'ont pas été sans exercer une certaine influence sur le gouvernement des animaux de boucherie en général. Nous généralisons le fait, parce que les comptes rendus des concours indiquent, chaque année, une amélioration assez notable dans la sorte même des sujets engagés dans la lutte.

Nous présentons donc les constatations des rendements dans deux groupes seulement. Le premier intéresse dix bœufs de 4 ans au plus ; le second, dix-neuf têtes âgées de plus de 4 ans, de 5 à 8 pour la plupart.

Dans le premier groupe, il y a un durham pur, des métis durhams-normands et durhams-garonnais, puis des produits des races agenaise et garonnaise.

Dans l'autre, les principales races de la contrée ont des représentants : l'agenaise, la saintongeoise, la limousine, la garonnaise, la bazadaise et la périgourdine.

	1er GROUPE.	2e GROUPE.
	k.	k.
Poids vif moyen, à l'abattoir............	862	987 50
Proportion des 4 quartiers seuls au poids vif...................	62 58 p. %	62 01 p. %
— du poids du suif au poids vif..	7 84 p. %	8 62 p. %
— du poids du cuir au poids vif..	6 31 p. %	6 01 p. %
— du poids des issues au poids vif...................	23 27 p. %	23 36 p. %

Le travail que nous poursuivons est ardu au possible. Les documents sont, parfois, si manifestement erronés et, d'autres fois, présentés d'une façon si incomplète, qu'il devient impossible de les uniformiser pour les rendre plus intelli-

gibles. Il en résulte qu'il faut laisser de côté les mêmes
époques, et que les comparaisons ne peuvent plus avoir la
même signification.

Au sujet de l'espèce ovine, une autre difficulté surgit.
Les lots appartiennent à des variétés si différentes, quant
aux aptitudes, que les moyennes en sont nécessairement
affectées. Il faudrait donc poursuivre les calculs du rendement sur chaque race séparément pour les comparer ensuite
les uns aux autres. Les matériaux manquent absolument
pour une étude aussi approfondie ; c'est à grand'peine qu'ils
suffisent à déterminer des moyennes générales qu'il ne faut
considérer, encore une fois, que comme un point de départ
vaille que vaille.

Cependant, nous présentons ici deux groupes, — celui
des jeunes et celui des vieux, — sans que cette distinction
elle-même soit suffisamment tranchée (1). Le premier comprend cinq et le deuxième douze lots de dix moutons chacun. Ils se rapportent aux concours de 1849, 1851 et 1852.
Les dernières années ne donnent rien de profitable à l'étude.
Huit races différentes ont fourni ces cent soixante-dix têtes,
et nous ne voyons pas quelle utilité il y aurait à les nommer
encore ici.

Voici les chiffres :

	Les jeunes.	Les vieux.
	k.	k.
Poids vif moyen à l'abattoir pour chaque lot..........................	608	567
Proportion des 4 quartiers seuls au poids vif.....................	58 13 p. %	59 86 p. %
— du poids du cuir au poids vif..	8 36 p. %	9 34 p. %
— du poids des peaux au poids vif......................	8 15 p. %	9 36 p. %
— du poids des issues au poids vif...................	25 36 p. %	21 44 p. %

(1) Les jeunes ont 3 ans au plus ; les vieux sont âgés de plus de
3 ans.

Les rendements ont été officiellement constatés sur l'espèce porcine en 1855 et 1856. Mais nous ne pouvons faire usage que de ceux de la première année, les autres n'étant pas présentés de manière à pouvoir leur être comparés. Nous en formons deux groupes : l'un ne comprend qu'un animal de race périgourdine, âgé de 14 mois ; l'autre est composé de trois animaux de races étrangères, dont un à l'état de croisement. Ils sont âgés de 18 à 24 mois.

	14 mois.	18 à 24 mois.
	k.	k.
Poids vif d'une tête au moment de l'abatage........................	215	226
Proportion du poids de la viande nette, pieds compris, au poids vif..........	83 25 p. %	81 43 p. %
Proportion du poids de la tête, de la fressure, des ratis et crépines au poids vif..	8 87 p. %	10 32 p. %
Proportion du poids des issues au poids vif......................................	7 88 p. %	8 25 p. %

Ces chiffres ont besoin d'être confirmés. Nous avons lieu de supposer qu'il a pu se glisser plusieurs inexactitudes dans les calculs de ces rendements.

e. — BOUCHERIE A LYON. — Les publications officielles ne font pas connaître le régime sous lequel est placée la boucherie dans la ville de Lyon. Elles disent cependant cette particularité bonne à rappeler : « La boucherie de Lyon n'a malheureusement qu'un prix pour toutes les natures de viandes, sans distinction de qualités, ni même des sexes, des âges ou des espèces animales qui les fournissent.

« Que ce soit du veau, du mouton, du bœuf ou de la vache; que ce soit l'aloyau, la culotte ou la basse boucherie qu'il fournisse à ses clients, le boucher de Lyon, par un usage déplorable autant qu'injuste et préjudiciable au consommateur, au producteur et au commerçant, vend tout uniformément 1 fr. 10, 1 fr. 20, et jusqu'à 1 fr. 40 le kilogr., selon les bouchers.

« Il en résulte 1° que les bouchers n'ont aucun intérêt

à l'amélioration générale des bestiaux gras; 2° que les bonnes pratiques, auxquelles tient le boucher, ont, seules, les morceaux de choix sans cependant payer leur valeur relative; 3° que la population, qui consomme ordinairement peu de viande, étant obligée de payer les bas morceaux au prix des morceaux de choix, est de plus en plus détournée, par ce fait même, d'une plus ample consommation.

« Cet état de choses réclame la sérieuse attention de la municipalité de la ville de Lyon. »

Mais l'observation date de 1849, et nous ne savons pas quel cas en aura fait l'administration de la ville.

La constatation des rendements nous permet, ici, de prendre les moyennes des deux dernières années du concours. Nous aurons deux groupes dans chaque période, — ceux des jeunes et ceux des vieux animaux. Dans le groupe des jeunes, primés en 1849, il n'y a que deux bœufs charolais âgés de 4 ans au plus. Dans celui des vieux, primés en 1847, l'âge varie de 6 à 7 ans, et les moyennes sont prises sur onze animaux des races charolaise, de Salers, bourbonnaise, fribourgeoise et durham-charolaise.

Dans le deuxième groupe des jeunes (concours de 1855), il n'y a également que deux têtes de 31 et de 38 mois; ces deux bœufs sont l'un durham pur, l'autre de race bourbonnaise. Le lot de vieux, qui appartient aux concours de 1855 et 1856, comprend quatorze animaux de 4 ans à 6 ans; et on trouve des nivernais, des bourbonnais, des comtois, des limousins, des bressans et des charolais.

Le premier groupe intéresse la période la plus éloignée.

	1er GROUPE.		2e GROUPE.	
	Jeunes.	Vieux.	Jeunes.	Vieux.
	k.	k.	k.	k.
Poids vif moyen à l'abattoir.............	748	1031	700	900
Proportion des 4 quartiers seuls au poids vif...............	61 78 p. %	61 45 p. %	64 13 p. %	62 97 p. %
Proportion du poids du suif au poids vif.....	11 40 p. %	9 21 p. %	5 71 p. %	8 09 p. %
Proportion du poids du cuir au poids vif.....	9 81 p. %	8 24 p. %	6 43 p. %	6 03 p. %
Proportion du poids des issues au poids vif...	17 01 p. %	21 10 p. %	23 73 p. %	22 91 p. %

Les rendements à constater sur les animaux de l'espèce ovine ne paraissent pas inspirer beaucoup d'intérêt à la suite des concours; ils sont peu nombreux d'abord, et nous laissent bien loin du jour où l'étude sera complète.

Cependant, et pour l'acquit de notre conscience, nous avons compulsé tous les résultats publiés, et nous en avons formé des groupes pareils à ceux de la grosse espèce, — distingués en jeunes et vieux, en commençant par la période la plus éloignée, 1849 et 1850 : la plus rapprochée concerne les années 1855 et 1856. Les races en présence sont celles de Larzac, du Charolais, du Bourbonnais, du Berry et du Dauphiné; un lot est qualifié, en outre, de race mérinos-dauphinoise. Les moutons classés comme jeunes ont 56 mois au plus.

	1er GROUPE.		2e GROUPE.	
	Jeunes.	Vieux.	Jeunes.	Vieux.
	k.	k.	k.	k.
Poids vif moyen par tête..............	57 50	49	48	51
Proportion des 4 quartiers seuls au poids vif..............	56 36 p. %,	46 94 p. %,	60 35 p. %,	59 60 p. %,
Proportion du poids du suif au poids vif,...	9 26 p. %,	12 24 p, %,	10 67 p. %,	9 10 p. %,
Proportion du poids des peaux au poids vif...	9 95 p, %,	10 20 p. %,	7 08 p. %,	7 09 p. %,
Proportion du poids des issues au poids vif...	24 43 p. %,	30 62 p. %,	21 90 p. %,	24 21 p. %,

Rien n'a été publié sur les rendements des animaux de l'espèce porcine. Que de regrettables lacunes nous constatons dans les documents officiels; elles sont là pour démontrer les difficultés, sinon même les impossibilités du sujet. Les membres des commissions ne sont pas toujours libres de donner leur temps à de pareilles missions; les fonctionnaires ne sauraient se trouver partout en même temps, et d'ailleurs ils ne peuvent rien contre le mauvais vouloir des bouchers, tripiers et charcutiers, auxquels il faut avoir affaire, mauvais vouloir qui s'explique du reste, quand on leur demande de changer leurs habitudes et lorsqu'on met un empêchement quelconque à leur libre arbitre. Comme tant d'autres, le temps les pousse, et, lorsqu'il en est ainsi, on est moins soucieux de ce qui n'est que de pure obligeance. Il ne faut pas toujours s'en prendre aux hommes, mais aux choses.

f. BOUCHERIE A PARIS. — Nous avions fait l'histoire administrative de la boucherie parisienne et nous avions ainsi rempli une lacune qui existe dans les publications du ministère; depuis lors, le commerce de la boucherie a été rendu à la liberté. Il en résulte des pièces officielles fort intéressantes à connaître : nous supprimons cette partie de

notre travail pour la remplacer par les documents adminis-
tratifs, et nous restons ainsi fidèle à la pensée qui nous a
fait nous livrer à l'étude des volumes publiés par l'administration sur les concours d'animaux de boucherie.

RAPPORT A L'EMPEREUR.

Sire ,

Lorsque le consulat entreprit la grande tâche de rétablir
en France l'ordre et la prospérité, aucun service n'était plus
en souffrance que celui de l'alimentation de Paris en viande
de boucherie.

Les fléaux de toute sorte qui avaient sévi sur le pays depuis la révolution, les assignats, la terreur, le maximum
avaient jeté un trouble profond dans toutes les affaires commerciales. Le commerce de la boucherie avait, de plus, été
soumis à des causes particulières de désordre. De 1793 à
1800, la guerre civile avait arrêté la production dans le
Poitou, dans le Maine et dans une partie de la Normandie ;
les réquisitions de guerre pour les armées de l'intérieur et
de l'extérieur avaient achevé de désorganiser les relations
habituelles de la boucherie et des éleveurs ; enfin la police
insuffisante de la capitale ne parvenait pas à empêcher l'introduction dans Paris , et la vente même sur la voie publique, des viandes les plus malsaines.

Le mal était grand ; il fallait le faire cesser sans retard.

Afin de rendre la sécurité au commerce de la boucherie
dans Paris, et de rappeler dans cette profession des hommes
honnêtes et solvables , l'arrêté consulaire du 8 vendémiaire
an XI, complété par le décret du 6 février 1811, obligea les
bouchers, dont le nombre fut limité, à se munir d'une auto-
risation du préfet de police et à verser un cautionnement.

Pour déterminer les éleveurs à amener leurs bestiaux sur
les marchés d'approvisionnement de Paris, on astreignit les

bouchers à faire tous leurs achats exclusivement sur ces marchés et à les payer comptant par l'intermédiaire d'une caisse municipale, la caisse de Poissy, chargée de leur faire des avances à un intérêt modéré.

La santé publique compromise par les désordres du commerce de la boucherie, et, par suite, la tranquillité de la capitale menacée dans un temps où il était plus nécessaire que jamais de l'assurer, justifiaient alors cette dérogation au principe de la liberté commerciale et professionnelle consacrée par la loi des 2-17 mars 1791. On ne songea pas toutefois à étendre cette mesure au delà de Paris ; et dans tout le reste de la France, même dans la banlieue de la capitale, le commerce de la boucherie demeura libre comme tous les autres.

Plus tard, sous le gouvernement de la restauration, l'ordre n'étant plus compromis, l'approvisionnement de Paris étant parfaitement assuré, le système de la limitation du nombre des bouchers ne se défendit plus par les nécessités exceptionnelles qui l'avaient fait établir. Les inconvénients inhérents au système et sur lesquels il avait fallu passer pour en éviter de plus considérables encore excitèrent des plaintes nombreuses ; les éleveurs et les consommateurs réclamèrent avec persévérance contre l'organisation des bouchers, qui rendait ceux-ci maîtres du prix des bestiaux sur les marchés et du prix de la viande à l'étal. La chambre de commerce et le conseil municipal de Paris, le conseil d'État, le gouvernement jugèrent ces réclamations fondées, et le système succomba dans ses dispositions principales : une ordonnance du 12 janvier 1825 y substitua un système mixte et transitoire où le nombre des bouchers cessait d'être limité, mais où les cautionnements et la caisse de Poissy étaient maintenus à titre obligatoire.

Cette ordonnance avait blessé des intérêts fort actifs. On n'eut pas la patience de l'expérimenter jusqu'au bout, et, quoique les résultats obtenus n'eussent, en réalité, rien de

11

défavorable, comme le démontrent les documents du temps étudiés avec impartialité, sans consulter aucun des corps dont les délibérations avaient préparé l'ordonnance de 1825, on la rapporta.

L'ordonnance du 18 octobre 1829 rétablit le système entier de l'arrêté de l'an XI, en limitant le nombre des bouchers à quatre cents, et en ajoutant aux dispositions anciennes l'interdiction de revendre, soit sur pied, soit à la cheville, les bestiaux achetés sur les marchés autorisés.

Mais à peine ce système était-il établi, que la force des choses y faisait brèche.

D'abord on augmenta le nombre des bouchers; de quatre cents il fut porté à cinq cent un, nombre actuel.

Les marchés, ouverts deux fois par semaine à la vente de la viande en détail, reçurent un plus grand nombre de forains, qui commencèrent à faire une petite concurrence aux bouchers établis.

La préfecture de police déclara ne pouvoir pas faire exécuter les dispositions qui interdisaient la vente à la cheville; cette vente fut ouvertement tolérée dans les abattoirs, ainsi que l'introduction des viandes à la main directement portées par les forains au domicile des acheteurs. Les bouchers furent même autorisés à acheter leurs animaux en dehors des marchés d'approvisionnement, mais seulement au delà d'un rayon de 10 myriamètres autour de Paris.

Par ces concessions, on ne donna point satisfaction aux réclamations des éleveurs et des consommateurs, et on excita les plaintes des bouchers. En 1840, lorsque l'administration reprit l'examen de la question, ces plaintes n'étaient pas moins vives et pressantes que celles des éleveurs et des consommateurs.

A partir de 1848, le système fut entamé de nouveau et plus gravement.

On introduisit la vente quotidienne de la viande sur les marchés, et, sur cent soixante et une places existant dans ces marchés, cent vingt et une furent données aux forains.

On établit, au marché des Prouvaires, la vente à la criée en gros des viandes abattues provenant directement de l'extérieur, et sur cinq marchés la criée en détail.

Les réclamations des bouchers devinrent plus vives, le public et les éleveurs ne cessèrent pas de se plaindre : le public, du prix élevé de la viande à l'étal comparativement au bas prix des bestiaux sur pied et de la viande dans les départements ; les éleveurs, du bas prix des bestiaux sur pied comparativement au prix élevé de la viande à l'étal.

Tel était l'état des choses, lorsque survint la crise alimentaire dont le gouvernement de Votre Majesté s'est efforcé de combattre les fâcheux effets par tous les moyens en son pouvoir, et à laquelle la Providence a mis un terme par la dernière récolte. A ce moment, les doléances du public prirent un nouveau caractère d'intensité.

Il eût été injuste de rendre la boucherie de Paris responsable de la cherté excessive de la viande, à partir de 1854. Cette cherté tenait à des causes générales, parmi lesquelles on peut signaler, sans regret, l'accroissement de la consommation de la viande, dû au développement du travail et de la prospérité publique. Depuis plusieurs années, la consommation de la viande a non-seulement augmenté dans une large proportion à Paris et dans la plupart des villes des départements, mais elle s'est accrue encore davantage dans les campagnes ; et, comme la cherté était plus grande encore à Paris qu'ailleurs, il devenait plus urgent que jamais d'aviser aux moyens de donner satisfaction aux réclamations contre l'organisation de la boucherie dans ce qu'elles avaient de fondé.

Toutefois une dernière épreuve était encore possible, celle de la taxe autorisée par la loi des 19-22 juillet 1791. L'administration résolut, avant de proposer à Votre Majesté un parti définitif, d'en faire un essai sérieux et complet.

La taxe est le correctif ordinaire du monopole ; envisagée

théoriquement, il semblerait qu'elle dût satisfaire et conci-
lier tous les intérêts : l'intérêt du boucher, auquel elle assure une juste rémunération ; l'intérêt du consommateur,
puisqu'elle prend pour base du tarif le prix de revient dûment constaté, surélevé seulement d'un bénéfice équitable ;
l'intérêt de l'éleveur lui-même, puisque le boucher, assuré
de son bénéfice dans tous les cas, n'est pas stimulé à faire
baisser le prix du bétail au-dessous du prix vrai déterminé
par l'offre et la demande mises en présence.

Si la taxe avait pu fonctionner sincèrement dans ces conditions, elle aurait sans doute fait cesser les plaintes, et, le
système de la limitation devenu inoffensif, il n'y aurait
peut-être plus eu de raison très-péremptoire pour le
détruire.

Mais il a fallu reconnaître, après une épreuve de plus de
trois ans, que la taxe ne contenait pas en elle les conditions
nécessaires d'une exécution sincère, et qu'en pratique elle
ne produisait pas les résultats que paraissait indiquer la
théorie ;

Que, les bouchers n'ayant plus un intérêt personnel et
direct à discuter le prix du bétail, la taxe devenait la base
obligée des transactions du marché et favorisait ainsi la permanence de la cherté ;

Que, malgré les précautions prises, la taxe ne prévoyait
pas et ne pouvait pas prévoir toutes les habiletés de métier
par lesquelles l'économie de ses calculs est détruite et le
bénéfice du boucher indûment augmenté au détriment du
public, et d'une manière d'autant plus fâcheuse, que c'est
sous le couvert de l'administration, qui ne peut pas l'empêcher, que cet abus se produit.

Il faut donc renoncer à la taxe, il y a sur ce point évidence entière. Or, la taxe supprimée, le monopole subsis-
terait seul sans contre-poids ; on n'aurait plus, comme dans
la boulangerie et dans l'industrie des chemins de fer, le
correctif indispensable du tarif destiné à empêcher l'abus du

privilége, et l'on se trouverait en présence d'un système actuellement démantelé de toutes parts , qui, dans l'état où l'ont réduit les atteintes qu'il a reçues successivement depuis 1830, et particulièrement depuis 1848, excite la réclamation de tous les intérêts, sans exception.

D'un autre côté, si le système était rétabli dans son intégrité première, il est incontestable qu'il rencontrerait de nouveau, indépendamment de la contradiction incessante du principe auquel il déroge, les difficultés d'exécution, les abus, les plaintes qui, depuis trente ans, ont toujours forcé la main à l'administration et ne lui ont jamais permis de le conserver intact.

L'état des choses, en vue duquel l'organisation actuelle de la boucherie a été conçue n'a-t-il pas, d'ailleurs, subi les modifications les plus profondes? La célérité avec laquelle les chemins de fer permettent d'amener aujourd'hui les bestiaux sur les marchés d'approvisionnement, et la promptitude extraordinaire que procure le télégraphe électrique pour la transmission des ordres dans les pays d'élevage, n'ont-elles pas créé une situation nouvelle, avec laquelle l'ancienne réglementation de la boucherie n'est pas en harmonie?

On était donc logiquement amené à se demander si le moment n'était pas venu de renoncer à un système qui n'avait jamais été admis que comme une exception, et de rentrer dans le droit commun ; si, au temps où nous sommes, il y avait quelque péril à replacer le commerce de la boucherie sous le principe vrai et fécond de notre droit public moderne, en vertu duquel le régnicole peut exercer, sur tel point du territoire où il lui plaît de s'établir, telle profession commerciale ou industrielle qu'il lui convient de choisir.

L'examen approfondi auquel cette question a été soumise dans le sein de votre conseil d'État a levé tous les doutes. La liberté du commerce de la boucherie dans Paris ne pour-

rait faire courir de dangers à la sûreté et à la santé publiques que si elle compromettait l'approvisionnement de Paris et la salubrité de la viande livrée à la consommation ; si
elle devait avoir pour effet d'élever encore le prix de cette
denrée de première nécessité ou de le soumettre à des fluc-
tuations trop considérables.

Il n'est vraiment pas nécessaire d'insister beaucoup pour
démontrer que l'approvisionnement de Paris en viandes de
boucherie ne cessera pas d'être assuré, parce que le nombre
des bouchers ne sera plus limité, parce que les bouchers ne
seront plus obligés d'acheter leurs bestiaux sur les marchés
de l'approvisionnement de Paris, ou parce que la caisse de
Poissy cessera d'exister. C'est qu'en effet, dans cette situation nouvelle de la boucherie, l'éleveur ou le marchand de
bestiaux seront tout aussi sûrs que par le passé de rencontrer sur les marchés de Paris les deux conditions qui le dé-
terminent à y envoyer ses animaux, savoir : l'affluence des
acheteurs et le payement au comptant.

Le payement au comptant est aujourd'hui complétement
passé dans les mœurs commerciales pour les denrées vendues sur les marchés, et l'état actuel du crédit fait que le
marchand qui achète sur les marchés, quelle que soit la
nature de la denrée, n'est nullement embarrassé pour trouver l'argent comptant nécessaire à ses achats.

A la halle de Paris, la vente, en gros, de la volaille et du
gibier, du poisson de mer et du poisson d'eau douce, du
beurre, des œufs et des légumes se fait au comptant pour
une somme totale bien supérieure à celle des achats de la
boucherie de Paris. Sur les marchés à bestiaux de Paris, les
bouchers de la banlieue achètent pour près de 30 millions ;
les bouchers des départements avoisinant celui de la Seine,
pour près de 18 millions, et payent comptant sans le secours de la caisse de Poissy. Les bouchers de Paris eux-
mêmes, qui achètent pour près de 78 millions, ne deman-
dent sur cette somme à la caisse de Poissy que 6,500,000 fr.

Le payement comptant restera donc la règle de la boucherie libre, comme il est la règle de tous les autres commerces qui s'approvisionnent dans les marchés ; cela n'est pas douteux.

Il est également certain que l'affluence des acheteurs sur les marchés d'approvisionnement de Paris sera toujours la même. En effet, il n'y a pas de raison pour que l'éleveur cesse d'y rencontrer les bouchers de la banlieue de Paris et les bouchers des départements avoisinant celui de la Seine, dont la situation ne sera pas changée. Or, lorsque les bouchers libres de la banlieue et les bouchers libres des départements entourant celui de la Seine dans un rayon de plus de 50 lieues trouvent leur intérêt à venir s'approvisionner sur les marchés de Paris, parce que c'est là qu'ils peuvent le mieux choisir les animaux qui leur conviennent, et parce que c'est là aussi que l'importance de l'offre modère le plus sûrement le prix, comment douter que les bouchers de Paris ne continuent eux-mêmes à y faire habituellement leurs achats ?

Il n'y a pas davantage de craintes sérieuses à concevoir pour la salubrité des viandes.

Il ne peut pas s'agir, en effet, de restreindre les droits de l'administration pour l'inscription des viandes à l'abattoir et à l'entrée dans Paris, non plus que les pouvoirs qui lui sont attribués par les lois pour assurer la fidélité du débit et la salubrité des viandes vendues dans les étaux ou sur les marchés. L'admirable organisation de la police de la capitale, dont les moyens seront augmentés s'il en est besoin, et dans la proportion qui sera nécessaire, donne à cet égard toute garantie. Si, depuis que la viande à la main, par suite des mesures nouvelles prises dans ces dernières années, entre pour 25 pour 100 dans la consommation parisienne, la préfecture de police a pu en écarter, je ne dis pas seulement les viandes corrompues, qui peuvent facilement être reconnues et contre lesquelles le public est surtout protégé par sa propre vigilance, mais les viandes provenant d'animaux malades ou abattus trop jeunes, dont l'insalubrité est plus difficile à constater, il n'y a pas de raison pour que, sous le régime de la liberté de la boucherie, cette protection ne puisse être rendue tout aussi efficace ; il n'y a là qu'une question de personnel et de mesures sagement combinées pour faciliter l'inspection des viandes à l'abattoir et aux barrières.

Il est à remarquer, de plus, à ce point de vue de la salubrité, que la charcuterie, l'épicerie, la vente du poisson, qui présentent autant de dangers, ne sont pas monopolisées, et que la liberté dont elles jouissent n'empêche pas d'exercer une surveillance efficace sur les denrées qu'elles mettent en vente.

Si l'on veut dire que la liberté du commerce de la boucherie augmentera la proportion des viandes provenant d'animaux de moins belles espèces et engraissés avec moins de soins et de dépenses, parce que les bouchers seront amenés, par la concurrence, à rechercher le bon marché dans les bestiaux, il resterait à démontrer qu'un tel résultat dût être préjudiciable à la santé publique. Loin de là ; on peut penser qu'il serait favorable à la classe ouvrière, parce que celle-ci, ayant la facilité de se procurer à bas prix une viande moins belle, il est vrai, mais toujours parfaitement saine et nutritive, pourrait remplacer avec avantage par la viande de boucherie une partie de ses aliments actuels.

Quant au prix de la viande, il serait contraire à l'une des lois les mieux démontrées de l'économie politique que la liberté du commerce de la boucherie le rendît plus élevé.

Il est admis partout, il est d'expérience universelle que, dans une profession libre, la concurrence amène le bon marché. Il est facile de s'en rendre compte. Le commerçant qui a en face de lui un concurrent et qui ne peut pas transiger et s'entendre avec lui, parce que, dans une profession toujours ouverte, le concurrent qu'il aura désintéressé sera

toujours et immédiatement remplacé par un autre, s'ingé-
nie, avant tout, à trouver des combinaisons pour réduire
son prix de revient et pouvoir ainsi donner la marchandise
à moindre prix que son confrère ; car c'est par le bon marché surtout qu'on attire la masse du public. Si les moyens
qu'il emploie ne sont pas toujours légitimes, c'est au public
à y regarder de près, à la police à constater les fraudes, à la
loi pénale à les réprimer. Mais ce qu'il y a de certain, c'est
qu'en règle générale la liberté de la concurrence oblige le
marchand à baisser ses prix. Et, si cela est vrai du commerce
en général, pourquoi cela ne serait-il pas vrai aussi du
commerce de la boucherie en particulier?

Est-ce qu'il serait plus à craindre, dans cette profession
que dans aucune autre, que la liberté ne se réglât pas elle-
même et que, le nombre des étaux dépassant de beaucoup
les besoins de la consommation, l'ensemble des frais généraux de la profession s'augmentât dans des proportions sen-
sibles et de nature à augmenter le prix de la marchandise?
Qu'on voie ce qui s'est passé en 1825. L'illimitation de la
boucherie, qui a duré cinq ans, n'a porté le nombre des
bouchers dans Paris qu'à 514, 13 de plus seulement que le
nombre jugé nécessaire lorsque la limitation fut rétablie.

Est-ce qu'il serait à craindre, en sens opposé, que des ca-
pitalistes, venant à accaparer les étaux de la ville ou les
bestiaux dans les pays d'élève, se rendissent maîtres du prix
de la viande sur pied ou du prix de la viande à l'étal pour
rançonner le public? L'accaparement des bestiaux dans les
pays d'élève ne s'est jamais fait jusqu'ici, quoique rien dans
les règlements actuels ne s'y opposât ; il est donc bien probable qu'une opération de cette nature offre trop de chances
défavorables pour être tentée. Mais, si elle devait jamais être
reconnue possible et avantageuse, ce n'est pas le maintien
du système de la limitation qui y mettrait obstacle, ce n'est
pas non plus le système de la liberté du commerce de la
boucherie qui la rendrait plus facile. Quant à l'accapare-

ment des étaux de la ville par une grande compagnie, rien n'est plus difficile à comprendre qu'une spéculation de ce genre dans un commerce où la marchandise dépérit si promptement, et exige, plus qu'aucune autre, et sous peine de pertes considérables, les soins minutieux et la surveillance directement intéressée du maître.

Telles sont les considérations qui démontrent, au point de vue de la salubrité et du prix des viandes, comme au point de vue de l'approvisionnement de Paris, que le rétablissement des principes de la liberté commerciale dans l'exercice de la profession de la boucherie ne saurait créer aucun péril à la sûreté ou à la santé publiques.

Quoi qu'on en ait dit, cette démonstration est complétement confirmée par l'expérience des faits.

J'ai déjà signalé la cause des désordres de la boucherie parisienne de 1791 à l'an XI, qui ne peuvent pas être attribués à la liberté de ce commerce, et qui n'ont été que la conséquence naturelle de la désorganisation générale que le consulat est venu faire cesser.

J'ai dit également que l'épreuve de 1825, étudiée dans ses conséquences d'après les documents mêmes de l'époque, n'avait eu aucun résultat fâcheux, bien qu'elle ait été incomplète.

J'ajoute que la boucherie est libre dans presque toute l'Europe : en Belgique, en Suisse, en Piémont, en Prusse, en Angleterre, à Berlin, ville de 600,000 âmes, à Londres, ville de 2 millions d'âmes, et que, dans ces diverses contrées, dans ces grandes capitales, on ne s'est jamais plaint de désordres causés par ce système. Enfin, sans aller plus loin que notre pays, Paris est la seule ville de l'empire qui soit soumise au régime de la limitation. Dans les plus importantes cités de la France, à Lille, à Rouen, à Toulouse, à Bordeaux, à Lyon, le commerce de la boucherie est resté libre; il l'est également aux portes mêmes de Paris, dans ces grandes communes suburbaines des Batignolles, de

Montrouge, des Thernes, de la Chapelle, de Montmartre, qui entourent la capitale, et ne contiennent pas une population moins dense que celle de la capitale elle-même. Or nulle part en France on n'a remarqué ou allégué que la santé et la sûreté publiques eussent été compromises du chef de la liberté de la boucherie.

En résumé, le système de la limitation *incomplet* mécontente tout le monde et froisse tous les intérêts, et, *complet*, il n'a jamais pu se maintenir. D'un autre côté, après un examen approfondi de la question, après une enquête qui a éclairci tous les faits, il a été démontré que la liberté de la profession de boucher, à Paris, réclamée au nom d'un principe fondamental de notre droit public, ne peut plus aujourd'hui être la cause ni l'occasion des désordres qui ont motivé pour un temps le sacrifice de ce principe. Après avoir vu ma conviction partagée par le conseil d'État, qui a eu sous ses yeux toutes les pièces de l'instruction, et notamment la délibération par laquelle le conseil municipal de Paris s'est prononcé contre le régime de la liberté de la boucherie, je ne pouvais donc plus hésiter, sire, à proposer à Votre Majesté de faire rentrer l'exercice de cette profession dans le droit commun.

Tout le système de la limitation est contenu dans l'ordonnance du 18 octobre 1827. L'arrêté de l'an XI et l'ordonnance de 1825 ont été abrogés expressément et dans toutes leurs dispositions. Il suffit, par conséquent, de rapporter l'ordonnance du 18 octobre 1829 pour rétablir de plein droit, dans l'exercice de la profession de boucher à Paris, l'application des règles générales en matière de liberté professionnelle écrites dans la loi de 1791.

L'article 1er du décret, que j'ai l'honneur de soumettre à l'approbation de Votre Majesté, porte donc abrogation de l'ordonnance du 18 octobre 1829, et ainsi se trouveront supprimés la limitation du nombre des bouchers, le cautionnement et les marchés obligatoires, l'interdiction de la vente à la cheville et de la revente sur pied, et l'obligation imposée aux bouchers d'abattre dans les abattoirs municipaux. Toutefois les tueries particulières dans l'intérieur de la ville resteront toujours frappées d'interdiction par l'ordonnance générale du 15 avril 1838, qui conserve toute sa force.

Ainsi se trouvera aussi supprimée, avec différentes dispositions de détail qui complétaient le système, l'institution du syndicat, qui, dans le régime nouveau, ne pourrait pas avoir ce rôle d'auxiliaire officiel de l'administration, en vue duquel surtout il avait été créé sous le régime ancien, et qu'une préoccupation peut-être trop vive des intérêts de la corporation lui a quelquefois fait négliger.

La suppression du système de la limitation de la boucherie n'implique pas, comme je l'ai dit déjà, l'abandon des droits de surveillance et d'inspection de l'administration. Le nouveau régime exigera, au contraire, qu'ils soient très-sérieusement exercés dans les abattoirs et à l'entrée des viandes dans Paris, aussi bien que dans les étaux et sur les marchés. Il convenait, pour que personne ne s'y trompât, qu'ils fussent expressément réservés. Tel est l'objet de l'article 3.

Il fallait, de plus, assurer à l'administration les moyens d'accomplir ses devoirs de surveillance et d'intervenir, comme elle a droit de le faire en vertu de ses pouvoirs généraux de police, et comme elle le fait à l'égard d'autres professions, pour fixer les conditions de salubrité qu'exige, dans la tenue des étaux, l'intérêt de la santé publique. C'est dans ce but que l'article 2 oblige tout individu qui veut exercer la profession de boucher à faire une déclaration préalable à la préfecture de police.

Enfin, comme cette surveillance nécessaire deviendrait très-difficile avec le colportage de la viande, ce mode de vente est interdit par l'article 4, sans qu'il soit, d'ailleurs, porté atteinte au droit d'apport et de vente à domicile, qui n'offre pas d'inconvénients.

L'article 5 dispose qu'il sera institué, sur les marchés aux bestiaux destinés à l'approvisionnement de Paris, des facteurs auxquels les propriétaires de bestiaux pourront envoyer leurs animaux en consignation, pour les vendre soit à l'amiable, soit à la criée. Ces facteurs offriront aux éleveurs une double garantie, celle qui résulte du choix de l'administration et celle de leur cautionnement, qui sera déterminé en raison de l'importance de leur gestion, et qui, conformément aux lois de la matière, répondra par privilége de tous les faits de charge.

Si l'animal sur pied ne trouve pas acheteur aux conditions qui auront été fixées, le facteur pourra, en vertu de l'article 6, et d'après les instructions qu'il aura reçues, l'envoyer immédiatement à l'abattoir, puis, ou bien vendre la viande dépecée à l'abattoir même s'il trouve acheteur à l'amiable, ou bien l'expédier à l'extérieur en franchise de droit d'octroi s'il a avantage à le faire, ou bien encore l'envoyer sur les marchés à la criée de l'intérieur, où toutes les précautions administratives devront être prises pour que la criée fonctionne sincèrement.

La création, sur les marchés aux bestiaux, de facteurs offrant les mêmes garanties que ceux qui existent déjà pour la vente des principales denrées destinées à la consommation de Paris, répondra à un vœu formé depuis longtemps par l'agriculture, et elle est d'autant plus nécessaire, que, du moment qu'on veut adopter complétement le régime de la liberté, il serait difficile de maintenir l'institution de la caisse de Poissy. Le conseil d'État avait pensé, il est vrai, qu'on pourrait la conserver avec un caractère purement facultatif, mais ce système aurait l'inconvénient de maintenir deux catégories de bouchers, les uns ayant un cautionnement pour pouvoir se servir de l'entremise de la caisse, et les autres n'en ayant pas et s'affranchissaut de l'intermédiaire de cette caisse. D'ailleurs, dans une délibération du 4 décembre dernier, le conseil municipal s'est refusé à faire les fonds qui pourraient être nécessaires pour en assurer le service, si elle était conservée avec un caractère facultatif.

Au surplus, comme institution de crédit, la caisse de Poissy, il faut bien le reconnaître, ne rend plus les mêmes services qu'autrefois. Les avances de cette caisse aux bouchers, qui, en 1820, représentaient près de la moitié du montant des achats des bouchers de Paris, n'en représentent pas en ce moment le dixième; d'année en année, elles vont toujours en diminuant. Dans l'état actuel des choses, cet établissement n'atteint même pas complétement le but qu'il s'est proposé à l'égard des producteurs. Il assure, il est vrai, le payement au comptant de tous les bestiaux achetés par les bouchers de Paris; mais, en général, les éleveurs ne viennent pas sur les marchés, ils expédient leurs bestiaux à des commissionnaires qui sont chargés d'en opérer la vente, et c'est à ces commissionnaires que la caisse remet le prix des animaux qu'ils ont vendus. Cette intervention des commissionnaires, dont les opérations ne sont soumises à aucun contrôle, diminue beaucoup pour les éleveurs l'importance de la garantie du payement au comptant, et il n'est pas douteux qu'ils trouvent une garantie beaucoup plus sérieuse dans l'institution de facteurs assujettis à un cautionnement et soumis à la surveillance de l'administration. Par ces divers motifs, je pense qu'il y a lieu de supprimer la caisse de Poissy, et cette suppression fait l'objet de l'art. 8 du décret.

Suivant l'article 9, les dépenses relatives à l'inspection de la boucherie et au service des abattoirs, qui étaient prélevées sur l'intérêt du cautionnement des bouchers, reprendront naturellement leur caractère de dépenses municipales et devront dorénavant être supportées par la ville de Paris, pour laquelle les produits du droit d'abatage constituent, du reste, un revenu important.

Enfin l'article 11 du décret fixe au 31 mars l'époque à

laquelle devra commencer son exécution. Ce délai est indispensable pour que l'administration puisse aviser aux mesures de détail que comportera la transition du régime actuel de la boucherie de Paris au régime de liberté qui lui est substitué. Il permettra particulièrement de pourvoir à l'installation des facteurs destinés à remplacer la caisse de Poissy, et qui paraissent appelés à donner au commerce des bestiaux et à celui de la boucherie les garanties et l'utile concours que cette caisse était impuissante à leur assurer.

Le gouvernement doit-il espérer, sire, que la suppression du système de la limitation des bouchers amène une modification immédiate et favorable au public dans le prix de la viande? Je ne le crois pas. Les effets d'un monopole survivent pendant un certain temps aux décrets qui en prononcent la suppression; les intérêts qui peuvent être ou se croire lésés s'agitent, cherchent à reconquérir le privilége qui leur a été enlevé, tout au moins à profiter largement des avantages qui leur sont réservés, grâce à la lenteur inévitable avec laquelle s'installe toujours un régime nouveau; et même, par une habileté facile à comprendre, ils ne manquent pas d'exploiter cette lenteur ou les circonstances extérieures et accidentelles qui peuvent momentanément retarder les avantages du système contre le système lui-même. Mais de telles difficultés sont trop faciles à prévoir pour que le gouvernement ne s'en soit pas rendu compte à l'avance et ne soit pas résolu à les dominer par sa persévérance, et, s'il est nécessaire, par sa fermeté. Avec le temps, ces difficultés seront vaincues, les bouchers honnêtes et intelligents comprendront qu'ils n'ont rien à redouter de la libre concurrence introduite dans leur profession, et le système, fonctionnant sans entraves, produira de salutaires résultats. Sans doute, il ne donnera pas et il ne peut pas donner le bon marché absolu et permanent, mais il donnera le prix sincère, dégagé, autant que possible, des frais parasites et des bénéfices exagérés, ce prix sincère que produisent seuls la concurrence et le cours naturel du commerce. La viande sera chère lorsque le bétail sera cher, cela est évident; mais, lorsque ce bétail sera à bon marché, le public en profitera nécessairement.

Tel sera, avant qu'il soit longtemps, sans doute, le résultat définitif du régime nouveau, et, en attendant, sans compromettre aucun intérêt public, il aura eu le mérite de rétablir le droit commun dans une profession où le privilége et l'exception ne se justifiaient plus. Il aura de plus, dès à présent, rendu à l'administration cet éminent service, de l'affranchir de la responsabilité pleine de périls que faisait peser sur elle un privilége sujet à abus, institué par elle et dont elle n'était pas maîtresse de régler l'usage : l'impuissance reconnue de la taxe l'a constaté.

Votre Majesté, j'ose l'espérer, ne refusera pas sa sanction au projet de décret que j'ai l'honneur de lui soumettre.

Je suis avec le plus profond respect,

Sire,

De Votre Majesté,

Le très-obéissant, très-dévoué

et très-fidèle serviteur et sujet,

Le ministre de l'agriculture,

du commerce et des tra-

vaux publics.

E. Rouher.

DÉCRET IMPÉRIAL.

NAPOLÉON,

Par la grâce de Dieu et la volonté nationale, empereur des Français,

A tous présents et à venir, salut :

Sur le rapport de notre ministre secrétaire d'État au département de l'agriculture, du commerce et des travaux publics;

Vu les lois des 2, 17 mars, 14-17 juin 1791, et 1er brumaire an VII;

Vu les lois des 14 décembre 1789 et 16-24 août 1790;

Vu le décret du 6 février 1811 et celui du 15 mai 1813;

Vu l'ordonnance du 18 octobre 1829;

Vu les délibérations du conseil municipal de Paris en date des 19 octobre 1855 et 4 décembre 1857;

Notre conseil d'État entendu,

Avons décrété et décrétons ce qui suit:

Art. 1er. L'ordonnance du 18 octobre 1829, relative à l'exercice de la profession de boucher dans Paris, est abrogée.

Art. 2. Tout individu qui veut exercer à Paris la profession de boucher doit préalablement faire, à la préfecture de police, une déclaration où il fait connaître la rue ou la place et le numéro de la maison ou des maisons où la boucherie et ses dépendances doivent être établies.

Cette déclaration doit être renouvelée chaque fois que la boucherie change de propriétaire ou de locaux.

Art. 3. La viande est inspectée à l'abattoir et à l'entrée dans Paris, conformément aux règlements de police, sans préjudice de tous autres droits appartenant à l'administration pour assurer la fidélité du débit et la salubrité des viandes vendues dans les étaux et sur les marchés.

Art. 4. Le colportage en quête d'acheteurs des viandes de boucherie est interdit dans Paris.

Art. 5. Il sera institué, sur les marchés à bestiaux autorisés pour l'approvisionnement de Paris, des facteurs dont la gestion sera garantie par un cautionnement et dont les fonctions consisteront à recevoir en consignation les animaux sur pied et à les vendre, soit à l'amiable, soit à la criée, et aux conditions indiquées par le propriétaire.

L'emploi de ces facteurs sera facultatif.

Art. 6. Tout propriétaire d'animaux jouit, comme les bouchers, du droit de faire abattre son bétail dans les abattoirs généraux, d'y faire vendre à l'amiable la viande provenant de ces animaux, de la faire enlever pour l'extérieur en franchise du droit d'octroi, ou de l'envoyer sur les marchés intérieurs de la ville affectés à la criée des viandes abattues.

Art. 7. Les bouchers forains sont admis, concurremment avec les bouchers établis à Paris, à vendre ou faire vendre en détail sur les marchés publics, en se conformant aux règlements de police.

Art. 8. La caisse de Poissy est supprimée.

Les cautionnements des bouchers, actuellement versés dans la caisse de Poissy, leur seront restitués dans le délai de deux mois, à partir du jour où cette caisse aura cessé de fonctionner.

Art. 9. Les dépenses relatives à l'inspection de la boucherie et au service des abattoirs généraux seront supportées par la ville de Paris.

Art. 10. Les dispositions des décrets, ordonnances et règlements sur la boucerie de Paris, non contraires au présent décret, continueront à recevoir leur exécution.

Art. 11. Le présent décret sera exécutoire à dater du 31 mars prochain.

Art. 12. Notre ministre secrétaire d'État au département de l'agriculture, du commerce et des travaux publics est chargé de l'exécution du présent décret, qui sera inséré au *Bulletin des lois.*

Fait au palais des Tuileries, le 24 février 1858.

NAPOLÉON.

Par l'empereur :

Le ministre secrétaire d'État au
    département de l'agriculture,
    du commerce et des travaux
    publics,

E. ROUHER.

Ordonnance de police concernant l'exercice de la profession de boucher à Paris.

Paris, le 16 mars 1858.

Nous, sénateur, préfet de police,

Vu le décret impérial en date du 24 février dernier,

Ordonnons ce qui suit :

Art. 1er. Tout individu qui voudra exercer à Paris la profession de boucher devra en faire préalablement la déclaration à la préfecture de police, conformément à l'article 2 du décret ci-dessus visé, et indiquer le lieu où il se propose d'établir son étal.

A défaut d'opposition, formée par la préfecture de police, dans un délai de quinze jours, l'étal pourra être ouvert.

L'opposition ne pourra être basée que sur l'inexécution des conditions déterminées par l'article 2 ci-après.

Dans le cas d'opposition, le requérant devra, s'il persiste, faire subir au local les appropriations nécessaires : lorsqu'elles auront été exécutées, il en donnera avis à la préfecture de police, et si, dans un délai de quinze jours à dater du dépôt de cet avis, la préfecture de police ne notifie pas de nouvelle opposition, le requérant pourra ouvrir son étal.

Art. 2. L'ouverture d'un étal sera subordonnée aux conditions suivantes :

Le local aura au moins 2m,50 d'élévation, 5m,50 de largeur et 4 mèt. de profondeur : il sera fermé dans toute sa hauteur par une grille en fer ;

La ventilation devra y être établie au moyen d'un courant d'air transversal ;

Le sol sera entièrement dallé, avec pente en rigole et en surélévation de la voie publique.

Les murs seront revêtus d'enduits ou de matériaux imperméables.

Il ne pourra y avoir dans l'étal ni âtre, ni cheminée, ni fourneaux.

Toute chambre à coucher devra en être éloignée ou séparée par des murs sans communication directe.

A défaut de puits ou d'une concession d'eau pour le service de l'étal, il y sera suppléé par un réservoir de la contenance d'un demi-mètre cube, qui devra être rempli tous les jours.

Art. 3. Notre ordonnance en date du 1er octobre 1855, concernant la taxe de la viande, est rapportée.

En conséquence, le prix de la marchandise sera désormais librement débattu entre le boucher et le consommateur.

Art. 4. La présente ordonnance recevra son exécution à partir du 31 mars courant.

Elle sera publiée et affichée à la suite du décret impérial du 24 février dernier.

Art. 5. Les commissaires de police de la ville de Paris, le directeur de l'approvisionnement, les inspecteurs de la boucherie et les autres préposés de la préfecture de police sont chargés, chacun en ce qui le concerne, d'en assurer l'exécution.

Le sénateur, préfet de police,
Piétri.

Nous revenons maintenant à l'objet principal de ce chapitre, aux rendements constatés sur les animaux primés.

Comme nous l'avons fait précédemment, nous prendrons les moyennes des deux premières et des deux dernières années du concours. Nous distinguerons aussi par groupes, dans chacune de ces deux périodes, les jeunes et les vieux. Mais ici les faits se compliquent par une grande variété de races, ce qui nous oblige à les présenter sous deux formes différentes. La première réunira en deux groupes tous les rendements quelconques en une seule moyenne générale : premier groupe, — pour quatorze têtes de bœufs de 4 ans au plus, et vingt bœufs âgés de plus de 4 ans jusqu'à 17 ; second groupe, — quinze têtes de 3 ans au plus, et soixante-treize bœufs âgés de plus de 3 ans jusqu'à 8 ans 1/2.

Sous la deuxième forme, on trouvera les rendements moyens offerts par chacune des races d'animaux primés.

Nous commençons naturellement par la moyenne commune à toutes les races. Le premier groupe intéresse les années 1845 et 1846 ; l'autre résume les documents publiés en 1855 et 1856.

	1er GROUPE.		2e GROUPE.	
	Jeunes.	Vieux.	Jeunes.	Vieux.
	k.	k.	k.	k.
Poids vif moyen à l'abattoir	844	937	767	982
Proportion des 4 quartiers seuls au poids vif	62 48 p. %	63 45 p. %	66 88 p. %	66 13 p. %
Proportion du poids du suif au poids vif	7 52 p. %	8 37 p. %	9 46 p. %	9 70 p. %
Proportion du poids du cuir au poids vif	6 10 p. %	5 92 p. %	6 19 p. %	6 01 p. %
Proportion du poids des issues au poids vif	23 90 p. %	22 26 p. %	17 47 p. %	18 16 p. %

Rendement moyen par races. — Toutes les proportions se rapportent au poids vif, comme nous l'avons constamment indiqué, afin que la comparaison puisse toujours s'établir sur les mêmes bases.

.1° *Période de 1845 et 1846.*

NOMBRE de têtes.	RACES.	POIDS VIF.	4 QUARTIERS p. 0/0.	SUIF p. 0/0.	CUIR p. 0/0.	ISSUES p. 0/0.
	14 animaux de 4 ans au plus.	k.				
1	Durham pur sang............	825	64 »	5 91	6 09	24 »
4	Charolaise.............	741	62 03	8 04	6 20	23 73
1	Durham-charolaise.........	804	64 55	5 72	6 50	23 23
3	Cotentine............	914	64 11	7 61	5 82	22 46
4	Durham-cotentine.........	852	60 86	6 57	6 28	26 29
1	Durham-normande.........	960	61 51	8 07	5 78	24 64
	20 animaux de plus de 4 ans.					
9	Durham pur sang...........	836	63 22	8 81	5 36	22 61
4	Durham-charolaise.........	1,051	62 06	7 12	5 57	25 25
2	Cotentine.............	1,261	59 70	7 97	6 55	25 78
3	De Salers.............	964	66 44	7 82	6 10	19 64
1	Limousine.............	950	69 26	6 82	6 31	17 61
1	Choletaise.............	790	61 77	11 45	6 26	20 52 (*a*)

(*a*) Nous craignons bien que plusieurs de ces rendements ne se trouvent quelque peu faussés par des erreurs de typographie ; mais nous n'y pouvons rien. La seule chose qui soit en notre pouvoir, c'est de prévenir le lecteur, après l'avoir rassuré contre toute inexactitude provenant de notre fait. Nous sommes sûr de nos chiffres parce que nous avons vérifié toutes nos opérations, mais nous ne sommes pas sûr de l'exactitude des chiffres que nous avons été forcé de prendre pour base de nos calculs.

NOMBRE de têtes.	RACES.	POIDS VIF.	4 QUARTIERS p. 0/0.	SUIF p. 0/0.	CUIR p. 0/0.	ISSUES p. 0/0.
	15 animaux de 3 ans au plus.	k.				
6	Durham pur sang	824	67 36	10 02	5 77	16 85
2	Sous-race de Durcet	680	66 64	8 37	6 11	18 88
2	Durham-mancelle	875	65 62	8 48	6 57	19 33
1	— cotentine	750	67 73	12 99	5 60	13 68
1	— limousine	635	63 77	6 28	6 92	23 03
1	Ayr-bretonne	630	65 87	10 48	7 14	16 51
1	Charolaise	830	70 60	8 43	6 33	14 64
1	Choletaise	605	66 45	9 91	6 94	16 70
	73 animaux de plus de 3 ans.					
3	Durham pur sang	1,122	66 90	11 35	5 41	16 34
2	Sous-race de Durcet	970	68 74	9 34	5 90	16 02
8	Durham-mancelle	1,001	68 85	10 77	5 34	15 04
2	— cotentine	880	69 09	10 30	5 19	15 42
10	— charolaise	931	66 35	8 23	6 20	19 22
1	— bretonne	880	69 81	11 18	5 09	13 92
1	— hereford	1,015	70 44	8 67	5 12	15 77
1	— normande	805	68 32	9 69	5 59	16 40
2	Cotentine	1,162	63 16	10 26	5 91	20 67
15	Charolaise	983	65 34	9 81	6 06	18 79
4	Nivernaise	1,080	67 82	9 01	5 84	17 33
1	Choletaise	922	64 83	9 83	5 91	19 43
2	Nantaise	855	65 82	10 »	5 91	18 27
8	Bretonne	600	64 94	10 46	7 19	17 41
1	Limousine	958	64 61	8 71	6 47	20 21
2	Périgourdine	1,200	65 63	13 75	6 96	13 66
1	Salers	1,005	67 42	8 50	5 62	18 46
5	Aubrac	860	61 29	8 52	8 »	22 19
2	Garonnaise	1,176	66 51	10 08	6 18	17 23
2	Bazadaise	1,070	63 29	10 29	6 19	20 23
1	Béarnaise	865	62 25	8 09	7 63	22 03

Examinant de près ces chiffres, il ne serait pas malaisé de prendre des conclusions telles quelles. Le moment n'est pas venu, ce nous semble, de le faire avec autorité. Les faits du même ordre ne se sont encore ni produits assez nombreux, ni répétés depuis un laps de temps assez long pour se prêter à un raisonnement solide. La seule chose qu'ils présentent comme tout à fait incontestable, c'est le progrès sur le passé. Les chiffres qui concernent les deux dernières années, séparées de dix ans des chiffres des deux premiers concours, ont en effet une très-haute signification. Ils disent que toutes races dont on s'occupe judicieusement, au point de vue de l'engrais, donnent des rendements très-supérieurs ; ils disent aussi les avantages que procure l'engraissement des jeunes animaux qu'il ne faut pas hésiter à envoyer de bonne heure à la boucherie, toutes les fois qu'un excédant de fourrages permet de tenir des bêtes d'engrais à côté des bêtes habituellement entretenues pour le travail ; ils prouvent qu'il n'est pas nécessaire d'attendre un âge avancé pour engraisser, et ils témoignent en faveur des races qu'on a spécialement créées en vue de la précocité, car leur alliance avec nos anciennes races est toujours une source de plus grand profit pour l'éleveur.

Ces vérités, si bien démontrées aujourd'hui, ne sont plus contestables ; on pouvait les dire plus imaginaires que réelles avant l'enseignement certain des concours ; elles tombent maintenant dans le domaine de la pratique et doivent beaucoup aider à l'élévation du niveau général des espèces. La question, ainsi posée, universalise bien plus le fait de l'amélioration de notre population bovine que la question de simple préférence à accorder à un type de reproduction unique offert comme unique source des perfectionnements à poursuivre au temps où nous sommes.

Quant à nous, c'est la seule donnée certaine que nous croyions devoir dégager de l'ensemble des faits réunis jusqu'à présent.

Si les anciennes races se sont bien défendues sur les marchés de bestiaux gras, il ne faut pas les y voir trop isolées du prix de revient de la viande. Le rendement à l'abattoir n'est qu'une face, un côté de la question, un terme du problême. Le prix de revient tient une place considérable aussi dans les faits. S'il était bien démontré, par exemple, que plus l'animal est engraissé vieux et plus est élevé ce prix de revient, n'y aurait-il pas avantage à ne laisser vieillir que les animaux dont les services sont indispensables, et ne faudrait-il pas faire d'intelligents efforts pour arriver à soumettre très-jeune à l'engraissement la totalité des produits dont le travail ne sera pas une nécessité absolue? C'est évidemment dans cet ordre de faits que gît la solution de la production de la viande abondante au plus bas prix. Mais les marchés d'approvisionnements sont peut-être moins bien posés, pour élucider la question, que ne le seraient les centres de production et d'élevage. Nous sommes toujours conduit, on le voit, à la même conclusion.

Que si nous nous reportons à des documents plus anciens, pour les comparer à ceux-ci, nous découvrirons une différence considérable et tout à l'avantage de l'époque actuelle.

En 1844, M. Lefour déposait, dans le tome II de la deuxième série du *Journal d'agriculture pratique*, des chiffres relatifs au rendement moyen des animaux abattus à Paris, pendant la période décennale écoulée, et il trouvait, pour les bœufs, que la proportion de la viande nette était

De 57 pour 100 pour la 1re qualité,

De 56 pour 100 pour la 2e qualité,

Et de 51 pour 100 seulement pour la 3e qualité.

La moyenne des trois qualités ressort ainsi à 54,66 pour 100.

Nous venons de voir ce qu'elle est pour différents groupes d'animaux primés dans les concours ; en les confondant ensemble pour en prendre une nouvelle moyenne, celle-ci présente 64,73 pour 100 , soit une différence de 10,07 pour 100.

Un peu plus bas, nous allons constater le même fait pour l'espèce ovine, dont le rendement moyen n'offrait à la fin de la période décennale, close en 1853, que 50 pour 100 de viande nette, et qui donne, aux concours de Poissy, la moyenne générale, établie comme ci - dessus, de 59,40 pour 100, résultat très-voisin de celui que nous venons d'écrire pour la grosse espèce.

La constatation des rendements sur l'espèce ovine n'a commencé qu'à la suite du concours de 1851. Depuis lors, on en a publié les résultats annuels. Comme pour l'espèce bovine, nous avons pris les moyennes réunies des deux années les plus éloignées et des deux années les plus rapprochées, de manière à ce que les chiffres composant chaque groupe présentassent un plus grand nombre de têtes. Ces moyennes ont ici une plus haute signification par la raison qu'elles intéressent des lots de cinq à vingt bêtes. Il en résulte, si l'on peut ainsi parler, que chaque résultat consigné dans les documents officiels offre une surface cinq fois, dix fois ou vingt fois plus étendue que lorsque la constatation n'a lieu que sur des individualités. Malgré cela, nous avons rapporté tous les chiffres moyens à cette individualité même, et, quand nous dirons le nombre des lots sur lesquels ces chiffres ont été relevés, on saura néanmoins que chacun est représenté par une moyenne qui a ensuite concouru à former la moyenne générale dans chacun des deux groupes, — jeunes et vieux, — qui se rapportent d'abord aux concours de 1851 et 1852, et aux années plus rapprochées de 1855 et 1856. Les jeunes vont jusqu'à 16 mois inclusivement ; l'âge des vieux flotte de 26 mois à 5 ans.

	1er GROUPE.		2e GROUPE.	
	Jeunes.	Vieux.	Jeunes.	Vieux.
	k.	k.	k.	k.
Poids vif moyen par tête.................	57 50	68 27	50 50	67 85
Proportiou des 4 quartiers seuls au poids vif................., ...	55 53 p. °/₀	59 87 p. °/₀	59 40 p. °/₀	62 81 p. °/₀
Proportion du poids du suif au poids vif....	7 27 p. °/₀	11 22 p. °/₀	8 19 p. °/₀	10 30 p. °/₀
Proportion du poids des peaux au poids vif...	8 12 p. °/₀	5 59 p. °/₀	5 70 p. °/₀	5 34 p. °/₀
Proportion du poids des issues au poids vif...	29 08 p. °/₀	23 32 p. °/₀	26 71 p. °/₀	21 55 p. °/₀

Le progrès est très-marqué entre les deux époques, au profit de la plus rapprochée. L'art de l'engraissement a donc été pratiqué plus rationnellement. Quand les améliorations obtenues se traduisent par de tels résultats, il est impossible qu'elles ne se généralisent pas rapidement. Tel est donc le bénéfice de l'institution des concours, et l'on peut dire, sans crainte d'être démenti, que la société qui distribue des prix pour atteindre un pareil but fait de ses fonds d'encouragement un placement à gros, à très-gros intérêts.

La question de race ne joue pas ici un rôle moins important que dans l'autre espèce. Les rendements les plus élevés sont le fait des races perfectionnées en vue de la production abondante de la viande, et tous les métis obtenus de l'union des races anglaises avec les nôtres ne montrent que trop l'infériorité de ces dernières. Cette vérité n'est que trop bien acquise à la pratique. Ce qui reste encore dans l'ombre, faute d'une pratique assez longue, c'est la préférence à accorder à celle-ci sur celle-là. Elle ne ressort pas encore d'une manière éclatante comme l'autre. Notre race charmoise se montre bien et soutient son rang, un rang élevé et distingué, dans la lutte qu'établit, chaque année, le concours parmi les représentants des races les plus perfectionnées.

ESPÈCE PORCINE. — De longues hésitations dans la manière de constater les rendements du porc et des méthodes
très-variées, voilà le premier fait qui ressort de l'examen
raisonné des documents officiels. Il en résulte une grande
difficulté de ramener tont à un seul et même terme. Aucune
comparaison utile n'est pourtant possible sans cela. La nécessité d'adopter enfin une méthode constante, tel est le
vœu à exprimer ici, sous peine de ne publier que des documents parasites, car leur étude, au lieu de tendre à une conclusion certaine, ne mène qu'à la fatigue. De la fatigue à
l'abandon, il n'y a que la peine de repousser un livre qu'on
avait ouvert avec faveur.

Les chiffres que nous avons pu utiliser sont peu nombreux ; ils appartiennent à l'année 1851 pour trois têtes, et
à l'année 1856 pour neuf : chacune de ces époques nous
fournira donc un seul groupe.

	1851.	1856.
	k.	k.
Poids vif d'une tête à l'abatage..........	229	207
Proportion du poids de la viaude nette, pieds compris, au poids vif.................	83 58 p. %	85 37 p. %
Proportion du poids de la tête, de la fres-sure, des ratis et crépines au poids vif...	10 65 p. %	10 86 p. %
Proportion du poids des issues au poids vif.................................	5 77 p. %	3 77 p. %

Ce travail, ardu s'il y en a, aura au moins cette utilité de
mettre à nu les intéressantes questions dont la solution est
à poursuivre tout à la fois par la théorie et par la pratique.
C'est à l'association intelligente de celle-ci et de celle-là
qu'il est donné de constituer enfin la bonne science sur
des bases solides, et la saine pratique sur des assises iné-
branlables. Quand la science aura été faite par les esprits
d'élite, les applications descendront bien vite dans les pratiques journalières ; elles seront bientôt aux mains de ceux
qui, seuls, peuvent les traduire en faits nombreux et appré-

ciables, réaliser sur une vaste échelle les perfectionnements qui doivent profiter à tous en élevant le niveau du
bien-être général.

§ VIII. APPRÉCIATION DES VIANDES A L'ÉTAL.

Toutes les ignorances sont sœurs, comme toutes les
sciences. Tant d'obscurité règne sur une foule de points à
peine aperçus de la zootechnie, qu'il n'est pas étonnant que
nous sachions si peu sur la valeur relative des viandes au
débit. L'acheteur n'apporte même pas dans le fait de leur
acquisition journalière ces connaissances vulgaires, empi-
riques, qui tiennent lieu, jusqu'à un certain point, de véritable savoir dans la pratique usuelle. Tout ici est ignorance
pour tout le monde, et ceux-là qui souvent ont cru prendre
à l'étal un excellent morceau n'emportent qu'une viande de
très-mince qualité, qui ne fera qu'un détestable aliment.

La taxe, si singulièrement établie naguère, n'était pas
faite pour avancer nos connaissances sur ce point ; elle ne
montrait que mieux tout ce qui nous reste à apprendre sur
un pareil sujet ; mais la taxe, condamnée à tout jamais, est
sans doute abolie sans retour, et nous n'avons plus qu'à
l'oublier pour mieux nous venger de ce qui paraissait être
sa devise : *Væ victis.*

En Angleterre, les acheteurs sont bien plus rigoureux que
nous dans leurs exigences à l'étal. « Grands consommateurs
de viande, dit M. Félix Villeroy, les Anglais attachent une
si grande importance à sa qualité, qu'il est ordinaire que
les maîtres, même dans la classe élevée, aillent eux-mêmes
au marché pour choisir ce dont ils ont besoin.

« Lorsque l'acheteur a choisi ce qu'il lui faut, il s'informe
du prix, qui est réglé par le poids et par la nature du morceau. On ne manque pas d'observer d'abord quelle est la
quantité d'os et quelle est la qualité de la viande : si elle est
d'un grain fin ou grossier, succulente ou sèche ; si elle est

marbrée, plus ou moins grasse ; de quelle partie de la bête elle provient, etc. Enfin, beaucoup d'os étant une cause de perte, on paye moins cher au boucher la viande qui en est chargée, comme celle de qualité inférieure, soit que cette infériorité provienne de la nature de la bête ou de la race, soit qu'elle tienne à la partie d'où le morceau a été coupé. La différence de prix due à ces considérations est notable.

« Il résulte de cette manière d'être du commerce de la viande un autre avantage plus important, c'est que la viande de première qualité étant un article de luxe et se payant fort cher, les pauvres peuvent acheter à des prix d'autant plus bas la viande de qualité inférieure, quoique toujours saine, et ces deux circonstances augmentent dans une proportion très-considérable la consommation de la viande.

« La différence de prix pour trois qualités de viande est à peu près dans le rapport de 7 — 5 — 3.

« Si cette manière si naturelle, si convenable de traiter le commerce de la viande était introduite partout, nous ne serions pas si souvent forcés de payer comme bonne de mauvaise viande, à une taxe fixée par l'autorité administrative, et de payer aussi les os comme la viande, de telle sorte qu'il est à peu près indifférent à nos bouchers et marchands de bétail que les os fassent une partie plus ou moins notable du poids d'une bête, que sa viande soit grossière ou délicate, etc. C'est là qu'il faut chercher, sans aucun doute, une des principales causes de la diversité d'opinions qui existe entre les éleveurs anglais et allemands relativement à la conformation la plus avantageuse des bêtes.

« L'éleveur anglais demande un poids d'os peu considérable, peu de viande dans les parties où elle est de qualité inférieure, une chair fine, tendre, entremêlée de graisse ferme. L'éleveur allemand, qui élève pour la boucherie, ne demande que du poids. L'Anglais demande des formes arrondies, une tête fine et légère, les jambes et la queue fines, un cou mince, enfin tous les signes qui indiquent une charpente osseuse, légère et le moindre poids des parties de peu de valeur ; il veut une peau fine, souple, douce, élastique (en Angleterre, le prix de la peau n'est pas, comme chez nous, plus élevé que celui de la bonne viande) ; enfin il demande des bêtes de taille moyenne, parce que les très-grosses bêtes ont ordinairement une chair et une graisse spongieuses et plus grossières.

« Là où l'on attache de l'importance à la laiterie, l'éleveur veut l'avant-main légère, l'arrière-main large et développée.

« Pour le reste, l'éleveur anglais et l'éleveur allemand sont assez d'accord : tous deux veulent poitrine vaste et profonde, avant-bras large et musculeux, corps arrondi, profond, pas trop long, peu d'intervalle entre la dernière côte et la hanche, dos droit et plein, sans dépression derrière le garrot ni en avant de la croupe, reins larges qui s'avancent dans le dos, hanches rondes, pas plus élevées que le dos et présentant entre elles un grand espace ; les quartiers de derrière et les cuisses bien garnis de chair, l'origine de la queue à hauteur du dos, les jambes droites, plutôt courtes que longues. »

Ceci était imprimé en 1844. A cette époque, nos éleveurs y regardaient de moins près encore que les éducateurs allemands ; aujourd'hui, les plus avancés, parmi les nôtres, n'ont rien à apprendre de ceux de l'Angleterre, mais le grand nombre a beaucoup de progrès à réaliser pour se trouver à la hauteur des bonnes pratiques de la zootechnie, pour se mettre au niveau de la tâche importante qui leur incombe.

Les exigences du consommateur sont une cause active de progrès ; elles deviennent un stimulant énergique pour le producteur. La liberté de la boucherie, enfin octroyée à Paris, exercera certainement la plus heureuse influence sur toutes les questions de science qui aboutissent à la production abondante et de haute qualité de la viande. A l'abri du privilége qui les protégeait contre le consommateur, les bouchers parisiens s'inquiétaient peu de la provenance des animaux dont ils garnissaient leurs étaux; forcés, maintenant, de se créer, d'étendre ou de consolider une clientèle, ils prendront souci du client, ils rechercheront la perfection de race et la perfection d'engraissement; ils réagiront, par cela même, — *ipso facto* — sur la nature des produits que l'économie de bétail devra leur fournir. C'est une ère nouvelle qui s'ouvre à l'éducation de certaines races, ère toute de progrès qui universalisera le perfectionnement, parce que Paris, à titre du plus grand marché d'approvisionnement du pays, donnera toujours l'impulsion et sera nécessairement suivi par les départements dans toutes les questions de ce genre.

C'est donc un travail de très-haute portée que celui dont l'administration de l'agriculture a commencé la publication à partir de 1853. Les constatations de la sous-commission du jury de Poissy préposée à l'appréciation des viandes à l'étal et les études si intéressantes de son rapporteur sur le sujet forment, dès à présent, une œuvre importante par la certitude acquise d'arriver à un résultat utile. Il est très-regrettable que ces notions ne soient pas mises immédiatement à la portée de tout le monde; elles pousseraient à d'autres études qui compléteraient celles-ci tout en les contrôlant, et qui hâteraient la solution en embrassant, à la fois et sur divers points, un plus grand nombre de faits. Voilà, d'ailleurs, le mot qui caractérise le travail dont il s'agit; la science qui en surgira sera bien celle des faits.

Il ne nous appartient pas de nous emparer des beaux rapports de M. E. Baudement, à qui est restée l'honorable tâche de tenir la plume dans cette circonstance et d'élaborer, année par année, le travail lent et compliqué de l'appréciation des viandes à l'étal. L'analyse de pareils documents est chose à peu près impossible, car les faits se pressent, et il serait difficile de les exposer et de les expliquer plus brièvement; nous nous bornerons à résumer les principales données déjà acquises, et nous ne doutons pas qu'elles fassent naître le désir de lire les documents originaux dans leur entier. Cette étude profiterait à tout le monde; elle n'est pas moins nécessaire au producteur qu'au boucher, elle nous paraît surtout indispensable au consommateur.

C'est dans le volume de 1856, le dernier que nous ayons sous la main, que nous puiserons ce qui va suivre.

La qualité des viandes à l'étal est constatée quant à l'espèce, quant à la race et quant à l'âge des animaux.

La finesse du *grain* de la fibre, celle du grain de la *marbrure*, la couleur de la chair et de la graisse, l'abondance et la richesse du *jus*, l'épaisseur et la régularité de la *couverture*, l'égalité, l'uniformité de toutes les parties sous ces différents rapports, tels sont les caractères sur lesquels se base l'appréciation à l'étal.

A. ESPÈCE BOVINE. — Les recherches faites sur la valeur relative de la viande des bœufs primés à Poissy comprennent, en 1856, les trois concours antérieurs et celui de cette année. La qualité moyenne, par tête, des animaux soumis à l'examen a varié d'une manière assez sensible; les chiffres suivants en marquent les degrés : on a représenté par 100 l'année dont la qualité a paru la plus élevée.

$$
\begin{array}{rcl}
1855. & . & . & . = 100 \\
1856. & . & . & . = 96 \\
1854. & . & . & . = 94 \\
1853. & . & . & . = 86
\end{array}
$$

Le chiffre le plus bas appartient à l'époque la plus éloignée, et la moyenne s'élève en 1854 et 1855 pour faiblir en 1856. Ce retour en arrière est expliqué par M. Baudement; il tient à ce que la moyenne de cette dernière année est composée avec des éléments très-différents de ceux qui ont donné la moyenne précédente, car le concours de 1856 se distingue des autres par le grand nombre des bœufs de *toute première* qualité qu'il a envoyés à l'étal; mais ils y ont été suivis par des animaux dont la viande, relativement inférieure, n'a pu être classée que de *troisième* QUALITÉ.

Au surplus, il n'est pas dit que, chaque année, la viande des animaux primés doive nécessairement atteindre à la perfection absolue; il y a des conditions d'alimentation, indépendantes de l'hygiène, qui influent aussi sur la qualité des produits. M. Baudement, sans les nier tout à fait, les repousse néanmoins jusqu'ici, parce qu'il trouve, dans l'âge et dans la race des animaux, des causes d'infériorité qui suffisent à expliquer les faits; cependant il ne serait pas judicieux de méconnaître des effets très-réels et dont la précision peut presque devenir mathématique. Quand donc nous aurons atteint la perfection, et nous n'y sommes point encore, selon toute apparence, il faut s'attendre à des oscillations annuelles assez variées. Il en sera de cela comme de la température moyenne ou extrême, comme du degré d'élévation des eaux d'un fleuve, comme du maximum de la vitesse constatée dans les courses publiques de chevaux. Il se présente des individus et des années tout à fait exceptionnels.

Voici pour l'ensemble.

Arrivant à la question d'âge qui pose celle de la précocité des races, on distingue, comme au programme, trois catégories : celle des bœufs âgés de 3 ans au plus, celle des bœufs âgés de 4 ans au plus, et celle des animaux qui ont dépassé 4 ans. Le rang le plus élevé échoit, dans tous les cas, aux bœufs dont l'âge est compris entre 3 et 4 ans. Prenant donc pour point de séparation la limite de 4 ans et formant deux divisions seulement, on arrive à cette conclusion très-rigoureuse : les bœufs les plus jeunes se classent avant les bœufs les plus âgés, et, adoptant pour unité — soit 100 — la qualité des bêtes âgées de 4 ans au plus, les résultats comparatifs se formulent comme suit :

66 bœufs de 4 ans au plus. . . = 100
85 bœufs âgés de plus de 4 ans. = 96

« Les bœufs les plus jeunes, dit M. Baudement, prennent donc rang avant les bœufs les plus âgés pour la qualité de la viande. Ce fait prend la valeur et l'intérêt d'une vérité démontrée, je dirais presque d'une loi ; car il ne se produit pas seulement par la combinaison des chiffres réunis des quatre années de concours, il ne s'est démenti à aucun de ces concours.

« Il faut bien remarquer que les épithètes *jeunes* et *âgés* ne servent ici qu'à distinguer les deux groupes que nous opposons l'un à l'autre, et qu'elles ne portent en aucune façon sur la nature et la valeur de la viande. Nous exigeons de part et d'autre les mêmes qualités, la même maturité. Les bœufs jeunes sont étudiés au même point de vue, appréciés d'après les mêmes règles que le sont les bœufs âgés ; leur viande n'est pas une viande intermédiaire entre le veau et le bœuf, c'est la viande faite d'un animal adulte.

« Les bœufs *jeunes* arrivent avant 4 ans à cette maturité de l'âge adulte ; les bœufs âgés n'y arrivent qu'après 4 ans ; en un mot, les uns sont *précoces*, les autres ne le sont pas ; voilà le sens exact des mots.

« Il existe donc des animaux *précoces*, voilà la vérité capitale que les faits mettent en évidence, si l'on veut bien toutefois accorder que quatre années d'observation portant sur 151 bœufs donnent déjà le droit de conclure. »

Voyons maintenant les faits quant à la race. On n'a compris que les races et croisements dont les produits ont figuré dans trois concours au moins ; ils sont au nombre de 11, et le nombre des têtes, fort inégal, du reste, pour chacun, se totalise à 134, savoir :

17 bœufs durhams-manceaux. . . . = 100

10 cholctais. . . . . = 98

11 limousins. . . . . = 97

 8 garonnais. . . . . = 95

21 durhams-schwitz-normands et durhams-
    normands. . . . . = 93

16 durhams . . . . = 92

18 durhams-charolais. . . . . . = 89,5

28 charolais. . . . . = 88

 5 salers. . . . . = 84

Les faits, ainsi résumés, donnent à penser à M. Baudement que « la race durham, qui ne donne pas une viande de
qualité remarquable, communique aux croisements qu'on
en obtient une qualité généralement supérieure à la sienne
et supérieure à la qualité des races auxquelles elle a été
mêlée. Cette race, si remarquable par la conformation comme
race spéciale de boucherie, par ses facultés d'assimilation,
par son développement bâtif, par sa puissance de transmission, imprime son cachet, avec une très-grande certitude, à
la plupart des produits de croisement qu'elle donne, améliore leurs formes, leur communique quelque chose de ses
qualités comme consommateur et les avance dans la précocité; elle leur apporte, de plus, une certaine propension à se
charger de graisse, une certaine mollesse, une certaine ver-
deur qui nuit à la qualité générale de sa viande, mais qui,
tempérées par la race à laquelle elle est unie, composent
une qualité moyenne plus élevée qu'elle ne se trouve dans
les deux reproducteurs associés. »

On voit, par là, quel rôle important la race de Durham
peut jouer dans l'amélioration de certaines de nos races indigènes. Elle croisera surtout avec avantage celles qui, ne
répondant à aucun besoin industriel, peuvent être détruites
et absorbées par une race supérieure, et s'élever ainsi plus
rapidement au niveau d'une agriculture très-progressive.

Telle est, dit encore M. Baudement, la race *mancelle*, dont on tire des croisements *durhams-manceaux* qui se placent si haut, chaque année, par la qualité de leur viande et qui tiennent le premier rang sur la liste précédente.

« Mais l'exemple n'est applicable qu'aux contrées qui se trouvent dans des conditions identiques. Le rang élevé qu'occupent nos races *choletaise* et *limousine* prouve assez que la qualité peut s'obtenir sans croisement, quand l'éleveur trouve chez ses animaux un fonds sur lequel peut s'établir sûrement la base des améliorations ultérieures, et quand le but qu'il se propose n'est pas et ne peut pas être principalement la boucherie.

« . . . . Les *produits* du croisement donnent la viande dans de meilleures conditions de précocité. »

En effet, ce dernier avantage, le plus considérable de ceux que présentent les croisements, semble aujourd'hui parfaitement démontré. 73 bœufs de races françaises, opposés à 78 têtes appartenant aux races anglaises pour moins du 1/4 et aux croisements pour plus des 3/4, ont offert, en moyenne, une qualité de viande à peu près égale dans leur ensemble, bien que la très-légère différence constatée soit au profit du dernier nombre; mais une remarque importante à faire, c'est que, dans la catégorie des races anglaises et de leurs croisements, la qualité reste, pour chaque âge, assez voisine de la moyenne générale; tandis que, dans l'autre division, la qualité oscille davantage autour de la moyenne. « Il y a donc plus d'uniformité de qualité dans la première de ces deux catégories que dans la seconde, » Toutefois une différence plus essentielle « porte sur l'âge auquel les bœufs ont acquis le plus de qualité. Pour les races françaises, c'est dans la période de 3 à 6 ans; pour les races anglaises et les croisements, c'est avant 3 ans et jusqu'à 5 ans que la viande se montre meilleure. Le maximum de qualité se produit à l'âge de 5 à 6 ans pour les races françaises; il est atteint entre 3 et 4 ans pour les races anglaises et les croisements. C'est aussi à chacune de ces deux dernières périodes que les bœufs de l'une et de l'autre catégorie sont amenés en plus grand nombre aux concours.

« Ainsi les races françaises prennent leur maximum de qualité plus tard que ne le font les races anglaises et les produits de croisement ; elles arrivent aussi plus tard à la boucherie ; en un mot, elles sont moins précoces. La maturité plus hâtive des bœufs anglais et des croisés leur donne ici un avantage de 2 ans environ sur les bœufs français. Cette différence est, en réalité, plus grande dans la marche ordinaire des choses, parce que les bœufs français arrivent sur les marchés plus vieux qu'au concours ; ce serait déjà un grand progrès que de la réduire à ce qu'elle est à Poissy. Pour une durée de 6 ans, terme que la vie de nos bœufs atteint le plus communément au concours, l'avance de 2 ans que possèdent les bœufs anglais et les croisés livre à la consommation 1/3 de plus de têtes. Personne ne niera l'importance de ce gain obtenu sur le nombre, sans rien sacrifier de la qualité.

« . . . .

« En résumé, les études faites sur la qualité des viandes des bœufs primés aux quatre concours de 1853-54-55-56, et portant sur cent cinquante et une têtes, conduisent aux conclusions générales suivantes :

« 1° Il existe des bœufs précoces, arrivant à maturité avant 4 ans ; la viande de ces animaux est de qualité un peu supérieure à la viande des bœufs qui ont dépassé cet âge.

« 2° Les bœufs précoces de cette qualité appartiennent principalement aux produits que donne le croisement de la race durham avec nos races indigènes ; il s'en trouve quelques-uns dans certaines de nos races indigènes, notamment parmi les choletais et les limousins.

« 3° Les produits de croisement obtenus par l'alliance de la race durham à nos races françaises semblent posséder une qualité de viande supérieure à celle de la race durham.

« 4° En comparant les bœufs des races françaises aux bœufs appartenant à la race durham et aux croisements, on trouve que la qualité moyenne de la viande est sensiblement égale dans l'une et l'autre catégorie. Seulement nos bœufs indigènes n'acquièrent leur maximum de qualité que de 4 à 6 ans, tandis que les bœufs durhams et ceux qui proviennent de croisements arrivent à ce maximum de 3 à 4 ans.

« 5°. Les faits fournis par l'examen de la qualité des viandes sont d'accord avec ceux que présentent l'histoire des races, l'étude des conditions au milieu desquelles elles se forment, s'entretiennent et s'exploitent, pour montrer que, si certaines races indigènes, sans aptitudes bien accusées, peuvent être avantageusement détruites par le croisement, comme le prouvent les résultats offerts par les durhams-manceaux, la plupart de nos races peuvent être améliorées par elles-mêmes et gagner, par la marche progressive de l'industrie zootechnique, qualité et précocité. Pendant ce travail lent d'amélioration, et toutes les fois que les ressources fourragères le permettent, on peut aussi, avec avantage, obtenir des *produits* de croisement qui satisfont aux demandes de la consommation..... »

Nous ne voulons prendre du rapport de M. Baudement que ce qui s'appuie réellement sur les faits. Ce qui est de pure doctrine reste plus attaquable, et, à notre avis du moins, le rapporteur de la sous-commission a eu, parfois, le tort de franchir le cadre des travaux de cette dernière pour entrer dans un domaine tout autre; il a eu tort, parce que ses appréciations parsonnelles, étrangères à la question, pourraient nuire à l'adoption des saines idées qui sortent si naturellement de sa plume lorsqu'il se borne à interpréter les faits tels qu'ils se présentent. Nous avions besoin de faire cette réserve pour qu'on ne supposât pas que nous acceptons toutes les opinions de pure spéculation de M. Em. Baudement.

B. Espèce ovine. — Les études relatives aux qualités de la viande de mouton n'ont commencé qu'en 1855, et ne portent, en ce moment, que sur les lots primés en 1855 et 1856. La dernière année s'est montrée légèrement supérieure à l'autre.

Neuf races ou sous-races ont été primées à ces deux concours, et les observations recueillies ont été fournies par 30 lots.

En reformant les groupes que distingue le programme d'après l'âge, on obtient les données suivantes :

13 lots de moutons âgés de 18 mois au plus. $=$ 7,38
17 lots de moutons âgés de plus de 18 mois. $=$ 8,06

Dans cette espèce, le maximum de valeur de convention accordé est représenté par le chiffre 10. Les annotations qui précèdent, comme celles qui vont suivre, indiquent seulement des moyennes.

Des faits observés en 1855 et 1856 il résulterait que la viande de mouton n'acquiert pas, en général, sa parfaite maturité avant l'âge de 18 mois. « Mais il faut attendre des observations plus nombreuses avant de prononcer, d'autant plus qu'il semble y avoir des influences, celles de la race entre autres, qui jouent ici un rôle important.

« Ainsi le lot de moutons *charmoises* n° 211, âgés d'un an seulement, était d'une finesse et d'une nature extraordinaires ; il pouvait rivaliser de qualité avec le lot de *même race* n° 250, qui avait un âge double, et qui était arrivé à un degré de perfection extrêmement rare pour la finesse, le grain, la richesse, la couleur et la graisse.

Classés en 1re, 2e et 5e catégorie, comme au programme, 30 lots de moutons primés obtiennent les annotations que voici :

8 lots, grosses races à laine longue (2ᵉ catégorie), = 8,88
12 — petites races à laine commune (3ᵉ catég.), = 7,92
10 — mérinos et métis mérinos (1ʳᵉ catégorie), = 6,70

Divisés par races distinctes, les mêmes lots obtiennent, sous le rapport de la qualité de leur viande, cet autre classement :

2 lots, dishley-artésiens. . . . . = 9,50
4 — charmoises. . . . . = 9,25
1 — berrychons . . . . = 9
6 — dishley-mérinos. . . . . = 8,67
4 — métis mérinos.. . . . . = 8,25
5 — anglo-berrychons . . . . = 7
1 — southdowns-picards. . . . . . . = 7
1 — southdowns mérinos. . . . . . . = 7
6 — mérinos.. . . . . = 5,76

« ..... Les races anglaises de boucherie, et en particulier la race dishley, n'ont pas une grande réputation pour leur viande, et cependant, associées à nos races indigènes, elles leur communiquent, avec leur conformation et leur aptitude spéciale, la propriété de fournir une viande de qualité supérieure, ou, pour parler plus exactement, elles composent, avec nos races indigènes, un produit où leurs défauts sont atténués, leurs qualités développées sans excès. Cela est surtout frappant pour les *dishley-artésiens* et les *dishley-mérinos*. »

C. Espèce porcine. — Les recherches faites, à l'étal des charcutiers, sur l'espèce du porc comprennent trois années. Comme pour le mouton, le maximum de qualité conventionnelle a été fixé à dix. — Vingt-trois animaux étudiés ont présenté les résultats suivants :

1° Sous le rapport de la qualité moyenne annotée à la suite des trois concours :

14

7 têtes, en 1854. . . . . = 8,57

7 — en 1855. . . . . = 7,71

9 — en 1856. . . . . = 7,22

L'infériorité apparente d'une année antérieure à l'autre tient à ce fait : plus d'animaux inférieurs, bien qu'il y ait aussi plus d'animaux supérieurs en qualité.

2° Sous le rapport de l'âge :

7 mois 15 jours. . . . . $\left.\right\}$ = 10

8 — 15 jours. . . . . . .

9 — 11 jours. . . . . . . = 8

12 — 15 jours. . . . . . . = 7

11 — (pour quatre têtes). . . . . = 6,75

8 — . . . . = 3

Abstraction faite du dernier, qui paraît être une exception, les porcs les plus jeunes se sont montrés, en général, les meilleurs.

« Mais, ainsi formulée, la conséquence n'est qu'en partie exacte. Une autre influence que celle de l'âge semble intervenir ici dans la détermination de la qualité, c'est celle de la race. »

Cette qualité relative des races entre elles ressort, comme ci-après, des faits observés, en n'admettant que les races qui ont figuré pour deux têtes au moins dans l'examen subi :

3 têtes de new-leicester-craonnais. . . = 9,35

2 — new-leicester-augerons. . . = 9

4 — new-leicester. . . . . . = 8,25

5 — augerons. . . . . . . = 7

4 — normands. . . . . . . = 6,75

« Cette classification, dit M. Em. Baudement, met encore en évidence un fait analogue à celui que nous avons précédemment constaté pour l'espèce bovine et pour l'espèce

ovine, à savoir, que les croisements de la race anglaise
new-leicester avec nos races indigènes donnent des produits supérieurs en qualité aux porcs de la race new-leicester elle-même. »

On voit à quel point sont intéressantes des recherches
semblables ; mais elles doivent se renouveler pendant un
laps de temps très-considérable pour fournir des conclusions
certaines, inattaquables.

Il serait à désirer qu'une commission permanente fût
chargée de recueillir les nombreux matériaux nécessaires à
un travail d'ensemble, et que l'infériorité des animaux d'approvisionnement des marchés ordinaires sur les animaux de
concours fît bien ressortir, auprès des éleveurs, la nécessité
d'amélioration des produits qui doit conduire à la production plus abondante et plus perfectionnée de la viande :
quelque argent appliqué à ce résultat serait, sans doute, un
placement fait à gros intérêts. Il ne s'agit pas, ici, d'une
simple curiosité scientifique, mais d'une question d'alimentation publique, et, à l'heure où nous sommes, il n'y en a
peut-être pas de plus grosse parmi toutes celles qui s'agitent à haute voix ou *sotta voce*.

Les études poursuivies sur les bœufs fameux du carnaval
sont assurément fort instructives et prouvent à quel point
est grande notre infériorité, à quel point aussi est grande
notre ignorance. Nous voudrions que tous les enseigne-
ments portassent fruit, qu'ils servissent les intérêts généraux, qu'ils devinssent un flambeau pour tous, pour le plus
intelligent et pour le plus routinier. Il suffit souvent d'un
mince effort pour provoquer d'immenses résultats. C'est
avec une parole que le monde a été créé ; il suffirait peut-
être ici qu'un seul mot aussi fût prononcé pour que la lumière éclate et nous inonde.